贝页
ENRICH YOUR LIFE

风味传

吃的探险与人类进化

[美] 罗布·邓恩 [美] 莫妮卡·桑切斯 著 冯陶然 译

DELICIOUS

THE EVOLUTION OF FLAVOR
AND HOW IT MADE US HUMAN

文汇出版社

图书在版编目（CIP）数据

风味传：吃的探险与人类进化／（美）罗布·邓恩
（Rob Dunn），（美）莫妮卡·桑切斯（Monica Sanchez）
著；冯陶然译. —上海：文汇出版社，2023.7

ISBN 978-7-5496-3972-4

Ⅰ. ①风… Ⅱ. ①罗… ②莫… ③冯… Ⅲ. ①饮食－
文化研究 Ⅳ. ①TS971.2

中国国家版本馆 CIP 数据核字（2023）第 043361 号

上海市版权局著作权合同登记号：图字 09-2023-0262号

风味传：吃的探险与人类进化

作　　者 ／ [美] 罗布·邓恩　　[美] 莫妮卡·桑切斯
译　　者 ／ 冯陶然
责任编辑 ／ 戴　铮
封面设计 ／ 汤惟惟
版式设计 ／ 汤惟惟
出版发行 ／ 文匯出版社
　　　　　　上海市威海路 755 号
　　　　　　（邮政编码：200041）
印刷装订 ／ 上海中华印刷有限公司
　　　　　　（上海市青浦区汇金路 889 号）
版　　次 ／ 2023 年 7 月第 1 版
印　　次 ／ 2023 年 7 月第 1 次印刷
开　　本 ／ 889 毫米×1194 毫米　1/32
字　　数 ／ 230 千字
印　　张 ／ 10.25
书　　号 ／ ISBN 978-7-5496-3972-4
定　　价 ／ 88.00 元

我们缘何进食?

为了一尝万物之风味。

——林相如、廖翠凤[1]*

目　录

序 言

生态演化的美食学

在历史上，人类对风味的渴望是一种基本不受承认、未经证实的力量。

——艾力克·施洛瑟（Eric Schlosser）
《快餐国家》（*Fast Food Nation*）

几年前我们造访过克罗地亚，在最爱的岛屿高处的小径上漫步时，偶然邂逅了一系列废弃的建筑。后来才知道那是曾用来圈养羊群的石栏。在这些巨大的环形建筑物之间，我们还发现了一处类似家庭住所的遗迹。这些遗迹可能有着数千年的历史。自古以来，伊利里亚牧民就在这座岛屿上繁衍生息。部分学者认为，荷马史诗《奥德赛》中独眼巨人的创作灵感就源自这些牧民。他们睡在石屋或岩洞之中，以羊为生——饮羊奶、食羊肉、裹羊皮。我们发现的这些建筑遗迹可能是古代或近代的伊利里亚人留下的。它们的风格差异并不明显，所以岛上的新老建筑较易混杂，难以区分。那天早些时候，在见识这些建筑之前，我们先行参观了岛屿低处的一个岩洞，它曾是距今大约 12 000 年的狩猎采集者的住所。而在登岛之前，我们还探索了克罗地亚本土的尼安德特人与其他古人类混居的洞穴（度过了几天美好时光）。每到一处遗迹，我们都会带着两个孩子驻足眺望人类祖先曾经生活的土地，一边欣赏风景，一边享受美食。例如，我们在欣赏古伊利里亚建筑遗迹时，配着朋友自酿的普拉瓦茨马里葡萄酒，享用了抹着新鲜无花果果酱的面包。与此同时，我们好奇古人类在看到现在映入我们眼帘的风景时，会泛起怎样的思绪。可以想见，我们眼中的美景对他们而言同样动人。但我们还想知道其他信息。在享受美食时，我们突然想了解古人类所能尝到的风味。例如，像独眼巨人一般生活的牧民是否有最爱的奶酪？旧石器时代的狩猎采集者是否有最爱的浆果？为了搜寻最为美味的猎物，尼安德特人会跋涉多远的距离？在一整天的尽情探索之后，很容易陷入对这些有趣问题的沉思。

后来，我们开始查阅更多关于旧石器时代和相对较晚时期的人类饮食喜好的文献资料。随后我们发现，古人类的饮食虽然有学者经常探讨、评判，但几乎从未以我们谈论自己饮食的方式被谈及。今天的我们生活相对富足，饮食所求无非美味可口。而古人类的饮食显然首先须满足生存所需。面对古人类的饮食，科学家及其他学者已将食物的美味和它带来的愉悦从研究中剔除。[1][*]

罗布是生态学家和进化生物学家,我是人类学家。在我们想来,各自的领域中一定存在这样的研究:探讨美味对人类祖先所做选择的影响;可都一无所获。进化生物学家关注的是动物所做的最优决策,而未解释它们是如何作出了这些选择的。历史上,进化生物学家往往倾向于认为动物与机器人存在些许相似之处,因为它们都能完美地侦测所处环境并作出反应。一部分研究人类狩猎采集者的学者也持相同的观点。搜索与"最优觅食和狩猎采集者"相关的学术论文时会冒出许多结果,而输入"最优觅食""狩猎采集者"和"风味"这三个关键词,搜索结果却寥寥无几,十分稀罕。另一方面,文化人类学家往往更为关注文化所具有的变幻莫测的力量。他们会在论文中这样写道:"文化能够驱使某些人食用发酵鲨鱼肉或蚂蚁。别试图去解释它。"然而,在环球旅行中结交来自不同文化背景的各国友人后,我们发现这些人几乎都会畅谈食物与风味,并争论料理美味与否。无论是在葡萄牙的宫殿,还是在玻利维亚亚马孙河流域的茅屋,概莫能外。

渐渐地,我们脑海中意外地冒出了一个激进的观点,即人类和其他动物在有选择的情况下,会偏爱食用美味的食物。就在撰写本书时,我们惊讶地发现,这个已不那么激进的新颖观点在大

---

[*] 此类注释为作者添加的尾注,详见文末"注释"。——编者注

部分时候并不受学界重视。

存在这样一个与生态学、进化生物学和人类学全然不同的领域——美食学。1825 年，法国美食家让·安泰尔姆·布里亚-萨瓦兰（Jean Anthelme Brillat-Savarin）出版的《厨房里的哲学家》（*Physiologie du goût*）开辟了该研究领域。[2]布里亚-萨瓦兰做过律师，当过市长，后来还担任过最高上诉法院的顾问，但历史所铭记的，却是他关于食物与饮食的思考。这本法语著作原本的英文书名为 *The Physiology of Taste*（《味觉的生理学》），但书中内容既未完全停留在生理学领域，也并非只抓住味觉不放。在英语中，taste 一词现用于描述舌头上味蕾所传来的种种感觉。但布里亚-萨瓦兰所指的并非该种意义上的味道（taste），而更像是我们现在所说的风味（flavor），即囊括了味道、气味、口感及其余诸多饮食感官体验的总和。所以，更准确的英语书名可能是 *The History, Philosophy, and Biology of Flavor and the Pleasure of Eating*（《风味的历史、哲学和生物学及饮食之乐》）。²

让进食变成一种愉悦享受的食物即为美味。美味就是极佳的风味，它们能令人心生愉悦、给人带来感官享受，乃至催发情欲。在布里亚-萨瓦兰发表其作品的时代，美味是面包师、酿酒师、酒商、奶酪工、厨师、大厨、老饕和美食家的研究领域。而对于哲学家和科学家来说，口腔研究（对象为舌头、唾液与牙齿）就是一潭死水，太过普通和庸俗，完全不值得认真探索。布里亚-萨瓦兰却十分重视口腔领域。时值拿破仑遭到废黜的十年之后，法国的一切都在重塑之中。这个时代正适合发表一些关于世界的笼统论断。作为美食家，布里亚-萨瓦兰会总体从愉悦的角度，特别是就美味这一方向展开论述。他在书中融合了厨师们已有的发现、科学家们开始了解的事物以及自身时而冒出的先见。这本佳作在当时是激进的，也是天马行空且特立独行的（以布里亚-萨瓦兰最爱的一句语录为例，"失去奶酪的晚餐就像是缺失一目的美人"）。尽管书中包含些许古怪之处，不过在一定程度上，或许正是它们的存在，使得书中的一些假设与疑问最终促成了成千上万的发现和洞见，并让该书成为形成美食科学的种子之一。

继布里亚-萨瓦兰之后，许多结合了化学、物理、心理学，以及新兴的神经生物学理念的美食著作纷纷诞生。例如，理查德·史蒂文森（Richard Stevenson）的专著《风味心理学》（*The Psychology of Flavour*）展现了潜意识、意识与饮食的碰撞交汇；[3] 戈登·谢泼德（Golden Shepherd）先后撰写了《神经美食学》（*Neurogastronomy*，即"风味之神经生物学"）[1] 和《神经品酒学》（*Neuroenology*，即"红酒风味之神经生物学"）；[4] 查尔斯·斯彭斯（Charles Spence）[2] 出版了《美味的科学》（*Gastrophysics*，即

---

① 《神经美食学》是一本与食物相关的神经科学领域的扛鼎之作，书中强调了嗅觉对于美味与人生幸福的重要意义。——译者注（如无特殊说明，本书脚注均为译者注）

② 查尔斯·斯彭斯，牛津大学教授、美食物理学家。现主要研究如何通过食物设计最大限度地刺激感官，并常驻国际知名餐厅，与世界名厨、顶尖咖啡师和调酒大师合作密切。

"风味物理学"）；欧雷·莫西森（Ole Mouritsen）、克拉夫斯·史帝贝克（Klavs Styrbæk）合著了《口感科学》（*Mouthfeel*，更为全面地探讨了食物质地对风味体验的影响）。[5] 但是还没有哪本书选择直接从人类进化、生态学和历史角度来探讨美食学或美味的演变。我们因而决定完成本书，并寄望其填补这一方面的空白。

在接下来的章节中，我们将以人类生态学、人类学、生态学和进化论等领域的知识为基础，结合物理、化学、神经生物学和心理学视野，对风味、风味的演变及其结果进行细致阐述。本书还将综合当代大厨对饮食体验的判断、生态学家对动物需求（特别是人类这种动物）的认识，以及进化生物学家对人类感官演变方式的了解。在某些情况下，我们提出全新假设，但大部分时候，我们只是把那些尚未建立良好联系的观点衔接起来。在上述过程中，我们将描绘一个有关进化与历史的故事，并把愉悦和饮食放在这个剧本中它们应有的位置——舞台中央。我们希望本书既能予人以启迪，也可提供一些实用见解，以帮助读者充分了解厨房里的各种食物，包括它们为什么美味可口（又在哪些情况下令人难以下咽）。

本书的章节安排基本符合时间顺序。在第一章中，我们将首先探讨各种味觉受体在以往数亿年中引导动物满足自身所需、远离生存危机的作用。我们还将探讨不同脊椎动物味觉受体的进化差异。蜂鸟的味觉世界与海豚或犬类的全然不同。各种味觉受体的进化通过美味引导动物去满足自身不断变化的营养需求。

在人类进化史的大部分时段，我们的祖先几乎不会对周围环境中的可食用物种造成任何影响。然而，在大约600万年前，当人类祖先开始使用工具，情况发生了改变。我们并不清楚这段史前进化过程，但可借现代黑猩猩一探其可能的面貌。黑猩猩会使用工具去获取原本利用肢体无法得到的食物，在这一过程中，它们创造了料理。不同黑猩猩族群有着不同的料理，更笼统地说，它们掌握了不同的料理传统。然而，这些料理存在一个共性，即都含有比黑猩猩唾手可得的东西更甜美可口、更令其愉悦的食物。它们有时是黑猩猩的生存必需品，但同样可能是相对无关紧要、单纯为其带来快感的零食。600万年前，那些类似黑猩猩的人类祖先似乎也过着这种生活，风味和料理传统可能在促使他们研发出引起那些重大演变的各种工具方面发挥了关键作用。在第二章中，我们认为人类祖先之所以发生若干重大演变，可能是因为他们学会了利用工具去寻找、发现和食用更多美食。这些食物所提供的养分与能量最终改变了人类祖先的进化轨迹，而首先发生的变化，却与味道及风味的其他组成部分有关。接下来，在第三章中，我们将讨论灵长类动物，特别是人类的头部的演变如何导致了其感知到的口腔内气味（作为风味的一部分）发挥比以往更为重要的作用。

随着注重风味的人类祖先制作了全新的工具，进化出更大的大脑并发展出更为复杂的文化，他们也开始愈发频繁地狩猎。我们的祖先开始过度猎杀某些物种。先后踏上欧洲大陆的尼安德特人与智人，以及足迹遍布美洲、澳大利亚和几乎所有岛屿的智人，将地球上数百种不同寻常的巨兽推向了灭绝。约 1.5 米高的猫头鹰、乳齿象、大地懒、食肉袋鼠^①等数百个物种也因人类而消亡。研究人类狩猎对物种灭绝的影响的文献资料（其争议之处在于人类狩猎究竟起了唯一作用、主要作用还是次要作用）有很多，但基本没有研究者思考过风味是否左右了人类祖先的猎物选择。于是，在第四章中，我们将以美洲的克洛维斯人狩猎采集者为例，论述风味如何影响了狩猎者选择猎物。克洛维斯人猎手偏爱的大多数猎物现已灭绝，其中不少似乎十分美味。

史前狩猎采集者造成了许多物种的灭绝，其中一个后果是，现在的我们再也无法享受祖先所青睐的美味。猛犸象足似乎是一种绝顶佳肴，但今天没人知晓它的滋味。另一个后果可能在你的意料之外，它与水果有关（第五章）。水果会进化出吸引特定物种的风味，但很多我们爱吃的水果原本取悦的并非人类，而是那些早已灭绝的史前巨兽。我们从水果入手，分析风味如何指引人类祖先运用香料（第六章），发酵肉类、水果及谷物（第七章）。我们猜测，人类行为基本靠视觉和听觉引导，但运用香料和掌握发酵所需的却是嗅觉与味觉。正是鼻子和嘴巴帮助人类开创了香

---

① 食肉袋鼠属（拉丁学名*Propleopus*）是澳大利亚一属已经灭绝的有袋类动物。

料贸易，它们同样使人类学会（并爱上）酿造啤酒、葡萄酒和发酵臭腌鱼。

在人类历史中，我们主要依据味道创作料理，但在某些情况下，也会在追求味道的同时，注重口感、气味等其他风味要素。一些特色食物随之诞生，比如亚洲大部分地区都有的臭豆腐、印度的咖喱和欧洲的洗浸奶酪。在第八章中，我们试图阐明，有的时候，人类为何会选择制作复杂的劳动密集型料理，而放弃同样营养的简单食物。在修道院僧侣通过辛苦劳作（和对愉悦的追求）改变了欧洲饮食的特定背景下，我们推断其原因部分在于风味。最后，在本书末尾的第九章中，我们将讲述围坐在篝火边或是参加节日宴会的人们享受特色食物的故事，并且畅想风味研究的全新未来——就像宴会上科学家、大厨、农民、作家与牧羊人围坐桌旁，掰开面包或切臭豆腐那样，每个人都能视情况而参与其中。

简而言之，人类进化是一个关于风味和美味的故事，而风味和美味的故事又是一个与物理、化学、神经学、心理学、农业、艺术、生态学及进化有关的故事。在讲述风味、风味的演变及其结果的过程中，我们对日常膳食也逐渐冒出了全新的见解。

书中所述基本都是我们两人的共同经历。在过去二十年中，我们一起分享了许多饮食体验，进行了无数次对话交流。但有些时候，只有罗布出席了某个宴会或参与了某次事件。但我们大部分时候都是一起行动的。有时，孩子们会觉得我们所关注的那些事物枯燥乏味（有时也颇感兴趣——他们都通读了本书）。我们俩一起逛了一座座集市，参加了一场场会议，品尝了许许多多食品和饮料。在这一过程中，我们两人共同写就了这部作品。在阅读过程中，你将发现我们其中一个人的存在感会更强一些（如果哪段文字风趣幽默，那一定是莫妮卡的手笔，若是努力逗趣但效果不佳，那就是罗布在执笔）。

本书的观点并非全然由我们自己得出。当开始描述构成风味的各种元素时，我们就很快意识到自己的文字远不如布里亚-萨瓦兰等美食家那般成熟老练。更重要的是，我们在构思本书时发现，以这种全新方式看待食物的最大乐趣之一，就是与持有其他观点的人交流、对话和分享食物。其间，同那些从事食品相关行业的人相处尤为有趣。罗布与酵母生物学家安妮·马登（Anne Madden）和十多位来自比利时的面包师合作，探索了面包师的日常生活对面包风味的影响。我们曾跟随松露采集者的脚步，在猎犬的带领下搜寻松露。我们也造访过一家丹麦酒厂，与酿酒师在午后畅谈蜜蜂的自然史以及它们的发酵方式。我们还深入匈牙利东部的一座千年酒窖拍摄纪录片，为酒窖中的真菌而着迷。在这样或那样的经历中，丰富的对话使我们的思维更为清晰，令分享的食物更加美味——老实说，还让我们感到快乐且充实。

感谢那些在本书筹备过程中予以帮助的人们。有一些是与我们共进晚餐的对象，而另一些则不是，我们将在每章结束时特别

图 0.1 克罗地亚达尔马提亚地区的一座小岛上，古伊利里亚人用乱石堆构成的羊圈的围栏顶部。背景中还有其他古代遗迹。

鸣谢。他们是本书的参谋，经常提醒我们："你们知道吗，黑猩猩爱吃的坚果尝起来就像核桃，还带有一丝百里香的风味"，或是"日式高汤闻上去有海藻味，那是大海的气息"。有时，当我们的想法与事实相差甚远时，他们会毫不留情地指出："这是胡说八道。"因此，本书更像是一场由我们主持的宴会，而非野外科考人员或黏土艺术家所独立完成的作品。负责执笔的是我们，提供思路的则是一群伙伴，我们非常开心能有机会与他们交流知识、共享美食。

第一章

趋利避害的味觉

从你的饮食，我就能推断出，你是个什么样的人。

味道有两个主要用途：一是带来愉悦，抚平我们在生活中遭受的创伤；二是帮助我们从自然万物中，挑选出那些可食用的部分。

——布里亚-萨瓦兰

自打旧石器时代的远古哲学家们围着火堆一边烤肉、一边交谈以来，愉悦和不快的本质就一直困扰着人类。还有什么比下面这些问题更重要呢？"我们缘何会感到愉悦和不快？""我们应该在什么时候尽享欢愉，又该在哪些时刻满怀悲伤？而这一切又缘何如此？"公元前1世纪，罗马诗人卢克莱修（Lucretius）给出了他的答案。这位哲学诗人认为，我们身处一个由且仅由原子构成的物质世界，原子是万物之基，它们构成了月亮、篱笆、篱笆上跃跃欲试的猫和即将落入猫爪的老鼠。葬身猫腹后，组成老鼠的原子会转化为猫的身体的一部分，以新的形式继续存世。[1]
在仅由原子构成的世界里，愉悦是一种满足身体物质需求的生理
机制。也就是说，是愉悦在引导猫去抓老鼠。愉悦是天然存在
的，不快亦如是。在卢克莱修看来，愉悦与不快的自然天成并非
是对享乐主义的呼唤，但它的确表明可以通过尽享欢愉和抛却悲
伤获得某种美好生活。卢克莱修把自己的所思所想记录在一首
优美的哲学长诗《物性论》(*De rerum natura*，英译本为 *On the
Nature of Things* 或 *On the Nature of the Universe*) 中，这首诗把
他的哲思传达给了普罗大众。它们不是或不完全是全新的思想。
一定程度上，卢克莱修是在重申或重写古希腊哲学家伊壁鸠鲁
(Epicurus) 的观点，但他美化了观点的表述，也让理念更为明
晰。然而，在西罗马帝国崩塌后，卢克莱修的文字就渐渐失落在
历史长河中。到了中世纪晚期，只有一些间接的证据证明卢克莱
修曾经存在。他会在其他学者的著作中现身，这些学者或是提到
了他的名字，或是匆匆引述了《物性论》的只言片语。

伴随西罗马帝国的灭亡，古罗马和古希腊时期许多伟大的文
学及学术著作不幸消失。它们或被付之一炬，或被撕碎丢弃，或
迎来更为常见的命运——被无视。一些经典永远消亡了，但还是
有一些幸运儿躲过一劫。这些幸存的书稿有一部分在拜占庭的穆
斯林学者手中得以复原，并被反复推敲琢磨，另一部分则妥善保
存于修道院中。幸运的是，卢克莱修的诗稿就幸存了下来。1417
年，在德国的一家修道院，一位有着一颗躁动不安的好奇心的修

道士发现了一本《物性论》的手抄本，他的名字是波焦·布拉乔利尼（Poggio Bracciolini）。

波焦被卢克莱修作品中强烈的美感深深打动。随着时间的推移，他逐渐意识到，卢克莱修所描述的那个充满天然愉悦的世界，似乎与他这个中世纪基督徒的认知相悖。最终，他开始批判这首长诗，不过在此之前，他命令书佣誊抄了一份，后在熟人之间传阅（并引发了抄录的热潮）。在接下来的数十年中，一些人将卢克莱修诗篇中包含的观点视为一个立足过去、面向未来的定义模型。与此同时，在另一批人看来，卢克莱修的思想对西方文化造成了一定的威胁。即使是现在，我们对愉悦和唯物论的看法也仍然和当时一样存在分歧。这种分歧在许多高度政治化的辩论之中涌现。本书不会去解决这些争议，但我们将带你走进这失落的一角，去探索愉悦和不快缘何存在。愉悦是由大脑中一组特定化学物质的混合物唤起的，该机制同样适用于美味这一与食物风味相关的特定快感。动物体内之所以合成这些化学物质，是为了奖励动物做出有利于生存繁衍的举动。正如卢克莱修所说，这一机制同样适用于老鼠、鱼儿乃至人类。不快这一感觉则恰恰相反，它对动物有害于生存繁衍的行为作出惩罚。愉悦和不快二者共同构成一种自然界的简单机制，这种机制能确保动物顺利生存并繁衍后代。

任何动物都需要进食合适的食物。有这样一门科学，它能预测出愉悦感会引导某一物种去摄取哪种食物,它的全名是"生物化学计量学"(biological stoichiometry)。对于一个探索世界的运转方式且得出了多个重要结论的研究领域而言,这个名字只能说是乏善可陈。这是一个晦涩难懂的科学领域,如果你的课表上没有这门学科,那么你可能一辈子都不会听到"生物化学计量学"这个名字。

生物化学计量学旨在针对同一方程式的不同版本,建立相应的平衡方程式。在最简单版本的方程式中,等号左边是大批沦为食物的生物(猎物)。你可以想象一下自己从小到大吃过的所有动物、植物、真菌和细菌①。等号右边则是那个进食的生物(掠食者),以及它排出的所有废物和消耗的全部能量。正如卢克莱修所言,动物之间会"彼此借命"。它们都是"生命火炬接力赛"的参赛选手。而生物化学计量学所研究的,就是这场比赛中接力棒的交接规则。

化学计量的铁则是保持方程式的平衡,即猎物体内蕴含的营养成分必须和掠食者体内的营养成分(以及它排出的所有废物和消耗的全部能量)一致。问题由此变得棘手起来。举个例子,假使掠食者体内的氮元素浓度高,它的猎物也必须如此。这似乎显而易见,甚至不值得写在书里。法国美食家布里亚-萨瓦兰有言:"人如其食,食其所是。"但棘手之处在于,猎物和掠食者连接而

_____

① 如酸奶里的活性乳酸菌、保加利亚乳杆菌和嗜热链球菌等。

成的方程式不仅与氮元素、碳元素[①]有关，还与掠食动物自身无法合成的营养元素有关。因此，除了氮等元素以外，掠食者和猎物还需要保持方程式中镁、钾、磷、钙的平衡，这些元素在动物细胞内各司其职。

我们甚至可以得出不同种类的动物体内存在的各种元素的分子数量[②]占比，这里所说的不同种类的动物，是指方程式中的捕食者，当然，更宽泛的说法是消费者。比如，我们可以从化学层面罗列某一哺乳动物体内的元素种类及它们各自所占的比例。如下便是构成一只哺乳动物的元素清单：

$H_{375\,000\,000}$, $O_{132\,000\,000}$, $C_{85\,700\,000}$, $N_{64\,300\,000}$, $Ca_{1\,500\,000}$, $P_{1\,020\,000}$, $S_{206\,000}$, $Na_{183\,000}$, $K_{177\,000}$, $Cl_{127\,000}$, $Mg_{40\,000}$, $Si_{38\,600}$, Fe_{2680}, Zn_{2110}, Cu_{76}, I_{14}, Mn_{13}, F_{13}, Cr_7, Se_4, Mo_3, Co_1

哺乳动物，如人类，其体内的氢元素（H）含量是钴元素（Co）的 375 000 000 倍。现在，科学家们能非常精确地计算出人类及其他哺乳动物的元素成分表。可是，野生的哺乳动物是如何知道怎样在自然界中寻找特定元素，以满足它们的身体所需，并让自身的"消耗-需求"化学计量方程式达成平衡的？它们是如何知道这一点的？人类又是如何知道这一点的？

对于以猎物的肌肉、内脏和骨骼为食的掠食动物来说，饥饿

---

① 掠食者食用猎物时，所获取的蛋白质含有碳、氢、氧、氮等元素。

② 分子数量（N）等于物质的量（n，称作"摩尔数"，单位为mol）乘以阿伏伽德罗常数（N_A，6.02×10^{23}）。

感（以及饱腹后的满足感）自然会驱使它们去实现这一方程式的平衡。以海豚为例，它只需要饥饿感和区分事物能否食用的心理认知（这能让它意识到石头是不可食用的）。我们所知道的生命，大多都能保持方程式平衡。

对于食谱广泛的动物来说，保持方程式平衡则要困难一些。特别是对那些以植物为食（食草动物）或以动植物为食（杂食动物）的动物而言，生存挑战几乎无处不在。从图 1.1 中，我们可以发现，许多元素在动物体内的浓度远远超过其在植物组织中的浓度。如果一个杂食动物只是随机地摄食一些动植物，那它就很容易缺乏钠、磷、氮、钙等元素。食草动物也面临着同样棘手的问题。那么，食草动物和杂食动物们是如何知道保持自身化学计量方程式平衡的方法的呢？答案就是风味①！在很大程度上，是风味指引着动物们作出判断。风味是在动物口腔内爆发的所有感官体验的总和。它包括味道、口感和香气。[6] 这三者在引导动物摄食所需物质方面扮演着重要角色，其中，味道的作用尤为特殊。

"味道"的英文 taste 源自通俗拉丁语单词 *tastare*。有些字典将其定义为拉丁语单词 *taxtare* 的变体，意为"触碰或抓住"。这

---

① 风味（flavor）是味道、口感与香气的综合。我们舌头上的味蕾能品尝出味道，口腔与舌头上布满的游离神经末梢可以察觉到口感（黏度、温度、厚实度、触觉和痛觉等），喉咙后方的鼻后腔会捕捉气味分子，它是除鼻子外的另一种气味感知途径。

种变体可能是受到了拉丁语单词 *gustāre*（意为"品尝"）的影响。即当我们在品尝食物时，我们是在用舌头去"抓取"味道。在我们舌头的上表面，覆盖着许多小突起，称为舌乳头（你可以在镜子里观察到它们），感知味觉的味蕾就聚集在舌乳头中。每个味蕾内都排列着一些层层叠叠、状如花瓣的味觉受体细胞。这些细胞每隔 9 至 15 天就会出现一次更替。以脊椎动物为例，即使在迈向衰老时，它舌头上的那些味觉受体细胞仍在不停地更新换代。[①] 在味觉受体细胞的末端分布着许多纤毛。科学家在这些纤毛顶端发现了真正的味觉受体，放大后观察，它们在口腔中就像是在汹涌的洋流中摇摆的海草。

　　每种味觉受体就像是一把只能用特定钥匙打开的锁。用正确的钥匙打开后，味觉信号就会沿着味觉受体的外周味觉神经节传递。从这里开始，味觉信号会分散并通过不同的神经传递到大脑的各个部分。其中一条信号通路将触及我们远古的鱼类祖先[②]便已经拥有的原始的大脑功能区域。这一部分控制着呼吸、心跳和其他潜意识的、生理活动必备的要素。与上述要素有关的味道（如咸味和甜味）所激发的味觉信号到达该原始脑域后，会促使

---

① 但衰老会让味蕾萎缩并减少，随着年龄增长，会有2/3的味蕾逐渐萎缩，这会让我们的味觉下降。此外，高烧、舌溃疡等疾病和长期吸烟嗜酒等不良生活习惯也会让人口淡无味。

② 早在5亿多年前，鱼类就已经在寒武纪早期的海洋中生存。生物学家认为鱼类是地球上第一种脊椎动物，同时也是两栖动物、爬行动物、鸟类、哺乳动物共同的祖先，其依据之一便是上述物种的胚胎在早期发育阶段均出现过鳃裂。

大脑释放多巴胺。多巴胺会触发内啡肽的分泌，后者将让掠食者体验到一种模糊的快感，这种快感是对获取了身体所需物质的奖励。它还会勾起动物的渴望："我喜欢这个，我还想要更多。"味觉信号的另一条通路直达大脑的意识层，即大脑皮层。一旦到达那里，味觉信号就会触发与所品尝的物质（如盐或糖）相关的特定感觉。

这一味觉系统之所以有效，是因为任何特定动物所需的元素都是相对可以预测的。可以基于物种演化的历史来预测，一般而言，某一物种所需摄取的元素与其祖先的需求大致相同。因此，物种的味觉偏好可以固化并传承。以金属元素钠（Na）为例，陆生脊椎动物，包括哺乳动物的体内，钠元素的浓度往往是陆地上的初级生产者[①]——植物——的近50倍（图1.1）。在一定程度上，这是因为脊椎动物都是由寒武纪早期海洋中的鱼类进化而来，所以它们的细胞在进化后仍依赖于海洋中的常见成分，其中就包括钠元素。动物对钠元素的需求远远超过植物组织中的钠元素含量，因此，为了摄取足够多的钠元素，食草动物所需进食的植物是它们生活在海洋中的祖先所需的50倍（并排出多余的部分）。或者，动物可以去寻找其他途径来摄入钠元素。咸味受体会激励动物做出后一种行为，即寻找自然

① 初级生产者是指能利用二氧化碳、水和营养物质，通过光合作用固定太阳能，合成有机物质的绿色生物，包括陆地上的植物和水体中的藻类等。

界存在的盐分，以满足其生理需求，平衡它们生命的化学计量方程式。

大多数哺乳动物似乎都拥有两种能检测到盐（NaCl）中钠元素的受体。其中，第一种味觉受体能对高于某一最低浓度阈值的钠元素作出反应。当检测到高于该浓度的钠元素后，该味觉受体会向大脑释放一个信号。紧接着，动物会感觉到愉悦，并意识到，这就是"盐"。想象一下咬上一口咸香绵软的椒盐卷饼时的感觉（写到这里，就不禁想起了这种在柏林机场和火车站周边小店里品尝过的美味）。这种受体会引导哺乳动物去主动摄取盐分。以大象为例，它们会经过数百英里的长途跋涉，只为寻找那些盐渍化的泥地。在这一艰苦的"寻盐之旅"中，它们会在大地上踏出深深的足印，以便将来能够再次拜访这些宝地。

不过，就像缺盐（未能摄入足够的钠元素）会对身体造成损伤一样，过度摄取盐分也是相当有害的。生活在海边的哺乳动物如果在口渴时饮用了海水，就很容易摄入过多的盐分。哺乳动物的第二种能检测到盐的味觉受体就是为了应对这个潜在隐患而存在的。它可以检测到高浓度的钠元素，接着向大脑释放出不快的信号，并让动物意识到，这玩意儿"太咸了！"如果你咬了一口超咸的椒盐卷饼，第二种味觉受体就会立刻发挥作用，让你感觉必须拨掉一些盐粒才能继续下口。无论是老鼠、松鼠还是人类，所有的陆生哺乳动物都会在咸味受体的引导下，按照它们在过去几千万年的进化中所适应的浓度去摄取盐分。上述两种咸味受体不仅引导着陆生脊椎动物摄取足够的盐分，同时也帮它们避免过量摄入盐分。

在卢克莱修的构想中，肥美的食物可能是由均匀光滑的原子所构成的，而那些苦味或酸味的食物则是由形态扭曲、表面粗糙和四周带刺的原子构成。显然，事实并非如此。其实，任何动物对某种食物的感受都反映了它的味觉受体与大脑是如何连接的。不过，我们人类对盐分和咸味的感觉和认知是完全主观而武断的。我们知道其他动物也拥有和我们相同的咸味受体，通过对小鼠和大鼠进行实验，我们还了解到这些受体会赐给动物愉悦感，甚至发现了何种浓度的钠元素能勾起动物对盐分的渴望。但尽管如此，我们仍然不清楚"盐"在其他物种的口中是什么味道。至于其他物种在品尝到这种味道时会获得怎样的快感，我们的认识也较为有限。我们对他人的味觉体验和它所引发的愉悦感一无所知。我们只知道自己的感受，并假定他人的味觉体验皆与我们自己的相同。

如图 1.1 所示，钠元素并不是唯一的一种在植物中含量较低，而在脊椎动物（如哺乳动物）体内含量较为丰富的元素。氮元素同样如此。动植物体内的氮元素大多存在于氨基酸和核苷酸中。前者是构成蛋白质的基本单位，能像乐高积木一样按不同顺序和构型组合，合成不同种类的蛋白质。后者则是脱氧核糖核酸（DNA）及核糖核酸（RNA）这两类遗传物质的结构单位。

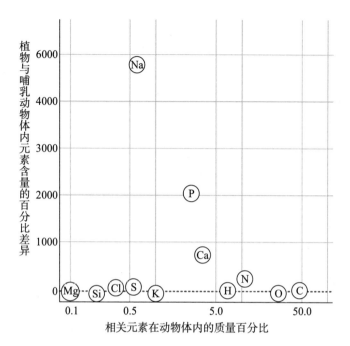

图1.1　动物体内含量最为丰富且维持生理功能所"必需"的元素的质量百分比（横轴），以及上述元素在植物和动物体内含量的百分比差异（纵轴）。相比植物，有助于改善生理功能的元素在动物体内的浓度更高。例如，钠元素（Na）在哺乳动物体内的浓度是其在植物组织中的近50倍（纵轴对应的位置在5000%左右）。与之相比，硅元素（Si）在植物组织中的浓度就略高于其在动物体内的浓度。

杂食动物，无论是野猪、狗熊还是我们人类，都很容易出现氮元素摄入不足的情况。平均看来，动物体内的氮元素含量约为植物组织中的两倍。那么，杂食动物和食草动物是如何应对氮元素摄入不足这一问题的呢？有些物种的选择简单而直接——进食自身所需的两倍甚至更多的食物，并排出体内多余的元素。以蚜虫或蚧壳虫为例，它们会在植物的韧皮部下口，刺穿负责输送叶片所制造的糖分的筛管。在吸食汁液的过程中，它们将摄入自身所需的少量氮元素以及大量的糖分，接着翘起腹部，分泌出富含糖分的蜜露。这种蜜露可供蚂蚁享用，有时也会被人类当成美食。（部分学者认为，《圣经·旧约》中的"吗哪"[①] 可能就是吸取柽柳汁液的蚧壳虫"圣露柽粉蚧"所分泌的蜜露。）不过，这种维持体内化学计量方程式平衡的方案对于哺乳动物而言价值不大。与之相比，明确氮元素的味觉受体或能够表明食物富含氮元素的某种化合物，才更可能是明智之选。但是，直到1907年，科学家们才弄清食物中的氮元素或由氮元素构成的氨基酸和蛋白质所对应的味觉是什么。

1907年，东京帝国大学化学教授池田菊苗[②] 在鱼汤中的发现改变了他的一生。鱼汤经常出现在池田教授的餐桌上，但今天的这碗鱼汤让他觉得格外美味。咸味的汤汁入口后，留下一丝丝甘甜和一种说不清道不明的味觉体验，它转瞬而逝，却又

---

① "吗哪"（希伯来语，意为"这是什么？"）；英语为Manna）是《圣经·旧约》中《出埃及记》第16章所提到的一种天赐食物。

② 池田菊苗（1864—1936），日本化学家，东京帝国大学（现为东京大学理学部）教授。池田菊苗从汤中得到启发，经研究后发现海带提鲜的奥秘在于其所含有的谷氨酸钠，并将其命名为"味精"。注册专利后，他成立了"味之素"品牌，还发明了以小麦和脱脂大豆为原料制造味精的技术，使味精在全球迅速普及。

回味无穷。池田教授将其命名为 umami（鲜味），并下定决心要揭开鲜味的奥秘。umami 一词由日文中的 umai（美味的）和 mi（精华）组合而成。它的另一层含义是"美味及其美味程度"，也可以指"一件值得津津乐道的，特别是与艺术技巧相关的佳作"。

鱼汤的配方貌似平平无奇，无非就是木鱼花①，水，有时还会放入一种名为"昆布"的海带②。池田教授知道这种味道肯定与水无关，所以它只可能来自木鱼花或昆布。他所要做的，就是确定木鱼花或昆布中的哪一种化合物带来了他所感觉到的那种 umami 的味道。这说起来容易，做起来难。一道"简单"的鱼汤可能包含数千种能够产生味道或香气的化合物。池田教授必须先找到所有这些化合物，再逐一进行实验。乔纳森·西尔弗顿（Jonathan Silvertown）在《与达尔文共进晚餐》（*Dinner with Darwin*）[7] 一书中统计得出，从鱼汤中的"昆布"到最终的产物砂状晶体，

---

① 在日本料理中，无论是汤品、手卷、凉菜、炒饭还是小吃（章鱼小丸子），木鱼花的身影几乎无处不在。烘烤干燥的鲣鱼干可以保存很久，需要时只要取用刨刀，就能获得香气浓郁、营养丰富的天然调味品——木鱼花。

② 海带目下有绳藻科、海带科、翅藻科和巨藻科，国人餐桌上的海带属于海带目下的海带科，日本的昆布则属于海带目下的翅藻科，两者并不是同一物种。在日本文化中，昆布还因为谐音"喜ぶ"（yoro kobu，"喜悦"之意）而被视为吉祥之物。

这一提取过程共包含 38 个独立步骤，所得晶体相对纯净^①（是一种化合物），又能带来鲜美的味觉享受。这些晶体就是谷氨酸。谷氨酸是一种氨基酸，它是蛋白质的组成部分，因此也是证明食物中存在氮元素的可靠指标。鲜味是人体对我们找到了含氮食物的一种奖励。由谷氨酸引发的鲜味，引导着我们去摄取人体必需的氨基酸。不过，鲜味并不是仅由谷氨酸所引发的。

日本其他研究人员的后续研究表明，除了谷氨酸之外，肌苷酸和鸟苷酸这两种核糖核苷酸^②也能触发鲜味的味觉。这两种核糖核苷酸不存在于鱼汤的昆布中，而是存在于木鱼花中。当肌苷酸或鸟苷酸和谷氨酸一同登场时，它们就会在口腔内引爆一颗鲜味的超级炸弹。鱼汤中的谷氨酸和肌苷酸使其鲜香味浓，这种风味既让人深感愉悦，又表明食物富含氮元素。

几十年来，鲜有日本以外的科学家认可池田教授的研究成果（他们也不相信与肌苷酸和鸟苷酸有关的后续发现）。不过，诸位无需为这位科学家的怀才不遇感到惋惜。1908 年，池田教授为味精生产方法注册了专利。味精是谷氨酸和钠元素结合的产物。

---

① 纯净物是由同种物质组成的，它能且只能用一种化学式来表示，与之对应的是由不同种物质组成的混合物。单从字面去理解很容易区分错误，例如，冰水混合物（H_2O）实际上是纯净物，而盐酸（HCl 水溶液）则是混合物。纯净物又分为同种元素组成的单质和由两种或两种以上的元素组成的化合物。"纯净"是相对的，不存在绝对纯净的物质，但只要杂质含量低，不对生产和科学研究产生影响，就称为"纯净物"。
② 属于目前常用的呈味核苷酸（助鲜剂核苷酸），自身鲜味微弱，却能给味精的鲜味带来几何级提升。

有了这项专利后，池田教授一家过上了富足的生活。[8] 有些人甚至都不知道鲜味的存在，却愿意为这种味觉享受买单。那么，为什么池田教授的成就到了日本之外就不受重视了呢？部分原因在于他的第一篇论文是用日文写就的，因此未能在欧美科学界得到广泛阅读。当然，除语言障碍外，还有一部分是研究本身的机制问题。尽管池田教授证明了将他研制的谷氨酸晶体添加到食物中能让食物更加美味，但他却无法明确给出鲜味的品尝机制。直到90年以后，才有科学家发现了鲜味所对应的味觉受体。至于肌苷酸和鸟苷酸所分别对应的味觉受体，可能还需要更长的探索时间才能揭开它们的神秘面纱。只有在发现它们之后，大多数感官科学家才会承认鲜味也是人类的一种味觉。

我们回到图 1.1，就能看到另一种在动物体内比在植物组织中含量更多的元素，那就是磷元素（P）。动物体内的磷元素浓度为植物组织中的 20 倍以上。缺磷是许多动物物种都面临的棘手挑战。[9] 那么，为什么动物没有进化出一种能够检测到食物中磷元素的味觉受体，并生成对应的奖励机制呢？一种可能性是，食物，特别是富含氮元素的肉食，通常也含有足够的磷元素。所以，拥有其中一种元素对应的味觉受体就足够了。大自然经常将氮、磷元素"买一送一捆绑出售"。但是，这一猜想并不能解释食草动物乃至大多数杂食动物是如何找到含磷食物的。于是，另一种可能性诞生了，即某些动物确实拥有磷元素的味觉受体。

迈克尔·托多夫（Michael Tordoff）是美国费城莫耐尔化学感

官中心（Monell Chemical Senses Center，味觉研究界的圣地，味觉研究可谓条条大路通莫耐尔）的一名科学家。他的实验室专门研究那些少有人关注的味道，其中就包括磷元素的味道。早在20世纪70年代，就已有研究表明小鼠能够以某种方式尝出磷酸盐[①]的味道。后来，托多夫教授也证明了小鼠似乎能够区分低浓度的磷酸盐（使它们愉悦）和高浓度的磷酸盐（使它们不快）。[10]他猜测包括人类在内的大多数哺乳动物都能品尝出磷酸盐，并且能够区分哪种浓度的磷酸盐能带来愉悦，哪种浓度的磷酸盐会让自己不快。[11]依据鲜味的历史可知，要让人们普遍接受鲜味属于人类味觉的一种，需要先发现鲜味的味觉受体及其作用机制。托多夫教授正在按这一步骤为磷酸盐的味道正名。近年来，他更是发现了一种负责提醒小鼠，告诉它们摄入了浓度过高的磷元素（以磷酸盐的形式）的味觉受体。[12]不过到目前为止，还没有科学家发现提醒生物摄入了适量磷元素的味觉受体。可能，在不久的将来，磷的味道也会作为一种全新味觉得到人们的广泛接受。

想象一下，假如科学家发现了一种人们每次进食都可能体验到的全新味觉，这无疑会引发几百项后续研究。新味觉的发现者会手握奖杯，在电视访谈中谈笑风生。不过，味觉研究目前还

---

① 与钠离子和酸根形成的钠盐不同，磷酸盐是以磷酸作为酸根的盐。磷酸盐能为植物、细菌和藻类所利用，它的用途广泛，是化肥的重要成分，也是食品加工过程中的配料和功能添加剂，还是洗涤剂中的助洗剂。但近年来，过度使用磷肥以及随意排放含磷废水导致了水体富营养化，是引发赤潮、藻华等危害的罪魁祸首之一。

没有新的突破。我们的世界充满了神秘，人类甚至连口唇之中的奥秘都尚未彻底解开。因此，较少有论文引述托多夫教授的磷酸盐味觉研究。这些论文中有一篇指出，和老鼠一样，猫也偏爱富含磷元素的食物。现在，市面上大多数的猫粮中都添加了磷元素（以磷酸盐形式），以吸引猫进食。① 似乎无论猫认可托多夫教授的味觉研究与否，它们都能体会到使其愉悦的磷元素的味道。除磷元素之外，另一种动物们身体急需却摄入不足的元素是钙。托多夫教授认为自己也发现了钙元素味觉受体存在的证据。

我们饮食所需摄入的大多数元素和化合物，都是人体用于形成新的细胞并合成各类成分的必需品。正因为如此，人体对它们的需求与这些元素和化合物在我们体内的相对稀缺程度或相对丰富程度成比例（那个方程式又登场了）。此外，我们的身体还需要足够的能量（卡路里）来支持日常活动，就像是大楼落成后必须保障供电。一个物种越是活跃，它的能量需求就越高。无论是昆虫还是哺乳动物，都是如此。例如，最活跃、最具攻击性的蚂蚁，往往也有着种族中最高的能量需求。[13] 无论是蚂蚁还是大象，动物大部分的卡路里都源自碳化合物的分解。

---

① 诱食剂由开胃成分和辅助制剂组成。为增进动物的食欲，很多饲料都添加有诱食剂，通过调整饲料的适口性，增加动物的采食量，以满足其营养需要。一般而言，猫诱食剂（焦磷酸盐）针对味觉，狗诱食剂则针对嗅觉。总体而言，诱食剂的添加量很小，并没有表现出明显的害处，有害的只有营养价值低却用诱食剂掩盖的劣质饲料。

单糖[1]就是一类微小的碳化合物，动物能轻松地将它们转化为能量。我们耳熟能详的葡萄糖和果糖就属于单糖，这两者生化结合后会生成一种生活中最为常见的双糖——蔗糖[2]。甜味受体会在动物摄入这些糖分后给出奖励。当我们进食芒果、蜂蜜、无花果或花蜜时，味觉受体会以甜味奖励我们。对许多哺乳动物而言，淀粉等复合碳水化合物品尝起来也有甜味。但是，旧大陆猴[3]、猿类和人类就属于例外，这些物种的甜味受体不会对摄入淀粉作出反应。不过，它们的口腔内会生成一种淀粉酶。虽然这种淀粉酶无法帮助消化淀粉（生成淀粉酶是消化淀粉的前置步骤），但据推测，它可以分解动物口内的部分淀粉，从而使其能够为甜味受体所检测到。和大猩猩、黑猩猩一样，人类的祖先能够在口腔内生成淀粉酶，只是量比较少。然而，随着我们祖先的饮食结构发生转变，开始更多地摄入淀粉类食物，部分群体进化后，会在口腔内生成更多的淀粉酶，这也许是为了加快感知淀粉的甜味。所以，物种进化可以使寡淡的食物变得甘甜，反之亦然，一

---

① 单糖指不能再被简单水解成更小的糖类的分子，可根据羰基所处的不同位置或所含的碳原子数进行分类。常见的单糖包括自然界分布最广泛的葡萄糖（细胞的能量来源）、常见于果汁和蜂蜜的果糖（可与葡萄糖结合生成蔗糖）、奶品中的半乳糖（可与葡萄糖结合生成乳糖）等。

② 常见的蔗糖包括白砂糖、黄砂糖、赤砂糖、绵白糖、冰糖、红糖、黑糖、方糖、糖霜、糖浆等。

③ 旧大陆猴亦称狭鼻猴，灵长目的一个总科种类统称，包括疣猴科、猴科和猩猩科，分布于亚欧大陆和非洲。这一命名是为了将它们与新大陆猴（因在美洲新大陆发现而得名），即阔鼻猴，区分开来。

切仅需改变对味道的感知方式。

　　细胞工作的另一个能量来源是脂肪（蛋白质也可以转化为能量，但身体不到万不得已不会这么做）。每克脂肪能转化的能量是单糖所转化的两倍。因而我们不难发现，许多哺乳动物似乎都会在食用脂肪时表现出愉悦。以莫耐尔化学感官中心的另一位科学家丹妮尔·里德（Danielle Reed）的研究为例，她做过给小鼠提供高脂肪饮食的实验。依据她的原话："在实验过程中，小鼠们会像纵享周末狂欢夜的你我一样胡吃海塞。它们大口吞咽着高脂肪食物，饱餐一顿后，还会用油腻腻的小爪子梳理毛发。一些小鼠即使撑得肚圆儿，也会恋恋不舍地在肥美的食物之间来回打转。它们爱死脂肪了！"[2] 让人吃惊的是，研究界尚不清楚老鼠及其他动物到底喜欢脂肪的哪一点。答案也许是口感。脂肪有一种令人愉悦的口感（mouthfeel，美食学术语，指食物在口腔内呈现出的触感）。试着切一小块牛油果，放入口中细细品味。你会为之感到愉悦，但这种愉悦既不是由味道唤起的（毕竟它既不甜，也不酸，说咸不咸，更谈不上鲜美），也与它的香气无关（牛油果气味单调），大部分体验者只会慢慢吐出两个字："清新。"这种愉悦，其实是口感的杰作，嫩滑的果肉在口腔内四处碰撞，就像品尝黄油或奶油一样丝滑。当然，触感只是一部分原因。还有更多的奥秘等待探索。

　　咸味受体、鲜味受体和甜味受体（或许还有磷元素及钙元素所对应的味觉受体）的进化是为了借助美味去引导动物获取那些它们饮食中可能缺乏的物质，这主要是为了构成新的细胞；当然，也存在单糖这种除了制造新的细胞，还要为细胞供能的特殊情况。除了引导作用外，味觉受体也能起到驱离作用。它们可以通过令动物不快的味道，指引动物远离危险。在某些情况下，衡量食物酸度的酸味会让人不快。我们将在本书第七章中仔细探讨其中缘由（神秘的酸味在人类故事中的角色也许相当重要）。相比酸味，苦味受体检测到的苦味是更明确的远离危险的信号。苦味受体能使动物识别出那些摄入后会危害身体的植物、动物、真菌及自然界任何其他事物。在近乎所有类型的味觉受体之中，动物大多都拥有一到两种基本类型的味觉受体（如咸味受体），但却有很多种苦味受体。

每种苦味受体都会由一种、多种甚至一类化学物质触发。卢克莱修笔下"令人作呕的苦艾"就是苦艾酒[1]的关键成分，在他看来，此物"苦涩不堪，恶臭难当，直教人龇牙咧嘴，恶心反胃"。人们现在已经知道，这是苦艾中的苦艾素在作怪，它触发了特定的苦味受体。我们甚至找到了这个苦味受体（hTAS2R46，如果你感到好奇的话可以查查看）。至于其他苦味受体，它们有的会对植物中的马钱子碱[2]起反应，有的会对罂粟及其近亲所含

———————

[1] 苦艾酒的英文名称是absinthe，是以茴芹、茴香及苦艾药草为主要原料的蒸馏酒。

[2] 马钱子碱无臭，味极苦，有剧毒。其毒性发作不快（10~20分钟），但毒发情状十分恐怖。它会破坏中枢神经，导致中毒者窒息，接着身体抽搐直到蜷缩成弓形。马钱子碱曾被用于兴奋剂和鼠药。

的那可丁 ^① 起反应，还有的会对柳树皮（和阿司匹林）中的水杨苷 ^② 起反应。人体之所以进化出这么多针对不同物质的苦味受体，就是为了避开有毒化学物质，这至关重要（因为做不到这一点的动物往往误食毒物一命呜呼，不再有机会繁衍后代，传递基因），于是苦味受体往往进化得比其他味觉受体快。物种往往会进化出会对其生存环境中最有可能接触到的那些危险化合物起反应的苦味受体。以人类与小鼠为例，两者分别有着大约25种和33种苦味受体，但我们和小鼠之间的苦味受体交集不大。[14] 一些味觉受体进化后的小鼠所避免食用的化合物（因为它们觉得味道很苦），在我们人类口中却并无苦味；反之亦然。即使在人群中，我们彼此之间也存在着味觉差异。卢克莱修曾发出类似于"彼之砒霜，吾之蜜糖"的感慨，因此，群体可能会比个体发现更多种类的苦味化合物。群体的综合认知包含了三种苦味化合物——每个人都觉得苦的（危险），只有一些人认为苦的（可能有害），以及那些没有人尝出苦味的物质（安全）。

但是，尽管大多数脊椎动物可以通过各种类型的味觉受体检测到多种潜在的有毒化合物，且不同动物个体能够尝到不同化合物的苦味，每个脊椎动物却都只能体会到一种苦味。所有苦味

---

① 那可丁，罂粟属植物的成分，可用作镇咳药，虽是从鸦片中提取的生物碱，但无耐受性和成瘾性。

② 水杨苷具有解热和镇痛作用，曾用于风湿病的治疗，易被氧化为水杨酸。水杨酸与乙酸酐合成的乙酰水杨酸就是阿司匹林，可以缓解疼痛，如牙痛、头痛、神经痛、肌肉酸痛及痛经，亦用于感冒退热、治疗风湿等。

受体都会连接到同一神经上，因此只会表达出一种意识知觉——"苦"。如果摄入一次高浓度的苦味化合物，食用者会感到恶心反胃；如果接连摄入两次（比如咽下两口高浓度的苦味化合物），食用者的胃部肌肉就不会再有节奏地收缩，而是开始肆意抽动，如果这种消化不良的"舞步"太过激烈，就会引发呕吐。苦味受体告诉身体大事不妙，接着触发了提醒机制，即随之而来的呕吐反应，这是在警告食用者事态严重，同时也是通过这个提醒机制，排出那些令其不适的化合物。

一个物种遇到苦味化合物时的不快经历，就像它尝到咸味或甜味一样，是该物种独到的体验。但这类体验所传递的关键信息是一致的，那就是不快，这种不快就像一根驱赶动物远离那些有害物质的棍子，以免它们因太过愚蠢，而误食毒物。而作为人类，我们已经学会在特定时候无视这些苦味受体向我们发出的警告，比如在啜饮咖啡、啤酒或苦瓜汁时。"苦味来袭，危险！苦味来袭，危险！"即使舌头拉响了警报，我们却依旧"一意孤行"。在享受咖啡、茶水或啤酒时，我们会不耐烦地回应牢骚不断的舌头："嘘！我知道这东西有毒，但更知道我所摄入的剂量是无害的。闭嘴吧你，我知道我在做什么！这东西我懂。"

我们刚才所描述的，是在普通陆生脊椎动物中极具代表性的味觉系统。但随着陆生脊椎动物的进化，它们的生活习性也慢慢发生了改变。这种改变致使味觉受体逐渐演化（或在某些情况下恰恰相反，是味觉受体的演化改变了某一物种的生活习性）。于是，每个物种都通过自身味觉，对世界形成了各不相同的认知。或正如卢克莱修所说，"各个物种都有着全然不同的感官，而每种感官都能察觉到与之契合的专属对象"。[3] 有的演化十分精妙，能够检测出达到某一阈值的特定化合物；也有一些演化则较为极端，甚至会让某一物种完全失去味觉。

表 1.1　人类的味觉阈值[①]

味道	物质	触发受体所需浓度（ppm[②]浓度）
咸味	氯化钠（NaCl）	2000 ppm
甜味	蔗糖	5000 ppm
鲜味	谷氨酸盐	200 ppm
酸味	柠檬酸	40 ppm
苦味	奎宁[③]	2 ppm

触发不同味觉受体所需物质的最低浓度之间也存在着巨大差异。苦味受体往往比较敏感，只需极低浓度的化学物质（例如奎宁这种植物毒素）就会将其触发。苦味受体向这一方向进化是为了及时警告

① 可用"极限法"测定：逐渐提高刺激性物质的浓度，直到实验对象出现感觉为止，此时的物质浓度为"出现阈限"；反之，从较高浓度逐渐稀释，直到实验对象不再有感觉为止，此时的物质浓度为"消失阈限"。味觉的绝对阈限就是出现阈限和消失阈限的算术平均数。

② ppm浓度是用溶质质量占全部溶液质量的百万分比来表示的浓度，常用于浓度非常小的溶液。1克食盐放入约1吨水中（1 000 000克溶液，999 999克溶剂），就会得到1 ppm浓度的盐水。目前，国际上已改用"毫克/升"这一单位来表示百万分比。

③ 奎宁别名"金鸡纳霜"，是金鸡纳树及其同属植物的树皮中的生物碱，可用于预防与治疗疟疾。

人类远离危险。最优情况下，它们能在我们的舌尖刚刚触及有害物质时就发出警告，以避免我们大量摄入毒物。与之相比，糖分必须达到相当高的浓度，才能触发甜味受体。而在它低于特定浓度时，我们的舌头只会无视糖分的存在。其余味觉受体的触发所需浓度介于上述两者之间。酸味受体与众不同，值得特别对待，所以我们会把它放在第七章另行讨论。这张表格中的数据还只是人类研究的一个子集。更不消说，不同物种，乃至人类个体之间的味觉阈值也存在许多差异。

在味觉受体的众多缓慢进化方式中，最快的那个也许是基因断裂。味觉受体的基因序列较为庞大，因此易于收集到使其断裂从而不再发挥作用的基因突变。数百万年来，当让动物充满食欲（或避之不及）的物质与其生理需求不匹配时，特定味觉受体的基因就会一次次地断裂。猫科动物，无论是美洲狮、美洲豹，还是家猫，从严格意义上而言都属于肉食动物（不过，第四章将介绍猫与牛油果的特例）。猫科动物已经进化出了专属的狩猎方式，因而特别擅长杀死猎物。参照图1.1，你会发现，一只纯粹的掠食动物只需正常捕猎，就能摄取到足以维持其生理功能的氮、磷元素。掠食动物会通过进食摄取猎物细胞内以脂肪和糖类形式存在的能量，这足以支持它进行日常活动。有些猫科动物拥有甜味受体，而另一些则没有，但在生存繁衍的道路上，前者并不比后者更占优势。如果它们把太多精力放在吮吸花蜜，而非捕食猎物上，这些拥有甜味受体的猫科动物的生存概率反而会更低。在远古时期，有一只猫科动物甜味受体失去了作用，但它还是幸存了下来。不仅如此，依据李霞 [①]（时任莫耐尔化学感官中心研究员）发表的研究，它还成了所有现代猫科动物共同的祖先。现代猫科动物中，没有任何一种拥有正常工作的甜味受体。[15] 对于猫科动物而言，森林中多汁的水果与香甜的花蜜并不美味，它们甚至对此完全提不起下口的欲望。如果你想用一块曲奇甜饼去逗弄自家的猫主子，它只会冷漠地摇着尾巴踱步离开，因为它无法像你我这样享受曲奇甜饼的美味。毕竟，在猫科动物的字典里，并没有"甜"这个字。

　　和猫科动物一样，海狗、亚洲小爪水獭、斑鬣狗、马岛獴和瓶鼻海豚等食肉动物也存在甜味受体基因断裂的情况 [②]。虽然这些甜味受体基因断裂都是独立发生的，但它们的瓦解破裂却出现了趋同现象。那么问题来了：为什么这些食肉动物的其他味觉受体基因没有发生断裂呢？猎物体内所含的盐分已足以满足猫科动物的日常需求。猫科动物及其他食肉动物的咸味受体基因出现断

---

① 2006年，李霞在《营养学期刊》（*The Journal of Nutrition*）上发表了题为《缺少一种甜味受体的猫科动物》（"Cats Lack a Sweet Taste Receptor"）的研究论文，指出猫科动物的Tas1r2基因存在缺陷，只能构成伪基因，无法合成一种名为T1R2的重要蛋白质（其与T1R3这种蛋白质形成了甜味受体），因此无法尝出甜味。

② 上述动物的甜味受体基因已经演化为"伪基因"，即一种核苷酸序列同其相应的正常功能基因基本相同，但却不能合成功能蛋白质的失活基因，因而无法尝出甜味。有猜测认为，掠食动物的食物成分主要为氨基酸和蛋白质，基本没有糖分，所以它们的甜味受体基因就逐渐退化（一般而言，当不再需要某一功能时，对应的基因就会逐渐丢失）。但事实并非如此简单，比如甜味受体基因完整的食虫蝙蝠就不能感受甜味，没有甜味受体的蜂鸟反而能享受花蜜。

裂可能只是时间问题。海狮的甜味受体与鲜味受体基因均已断裂而失效。这一进化趋势在海豚身上更为明显——海豚已经失去了甜味、咸味，乃至鲜味这些味觉。[16] 因此，海豚的生存离不开饥饿感和饱腹后的满足感，在饥饿感的驱使下，海豚会吞下任何移动方式与鱼类似的事物，饱腹后的满足感则可以避免它摄食过量。既然如此，究竟是猎物的哪一点让海豚感到满意？这一问题的答案尚不可知。至少，就目前而言，使海豚感到愉悦的物质还处在科学研究的盲区之中。

特定味觉受体的丧失并不只见于掠食动物。类似情况也发生在其他饮食结构单一的物种身上。大熊猫的祖先属于熊类，而熊类都是杂食动物，既会追逐鲜活的猎物，也会采食香甜的浆果，哪怕是酸溜溜的蚂蚁都不会轻易放过。但大熊猫的进化却完全围绕着它唯一的食谱——竹子。仅靠竹子，大熊猫就能茁壮成长、繁衍生息。当大熊猫的祖先刚开始将竹子加入菜单时，它们既喜欢竹子，又喜欢肉食。但随着时间的推移，偏爱肉食的那批祖先的生存概率和交配成功率持续走低，它们的口腹之欲同生理需求出现矛盾，捕猎和繁衍的双重压力使它们精疲力竭。就像猫科动物的甜味受体一样，放弃捕猎后，大熊猫的鲜味受体基因也断裂并失效了。[17] 现在，即使递给它鲜肉，大熊猫也只会觉得"索然无味"。[18]

图 1.2　沉迷美食无法自拔的大熊猫。

　　就像猫科动物、海狮或海豚的后代在未来很长一段时间内都不再可能享受到甜味一样，大熊猫也不太可能再品尝到鲜味，尽管它们对竹子的偏爱已经导致其种群数量随着竹林面积的缩水而同步下降。[19]需要时的重建总是比破坏来得艰难，这在生命进化史中算是老生常谈了。但是，难度高并不等于不可能。

　　以甜味受体为例，有些物种丢弃了它，却又失而复得。所有现代鸟类、哺乳类和爬行类动物的共同祖先生活在大约 3 亿年前，它们似乎能分辨出咸味、甜味和鲜味。然而，它们所演化出的所有现代鸟类的祖先却失去了甜味受体。出于未知原因，现代鸟类祖先的甜味受体不再生效。鸟类——确切而言，是大多数鸟类——因此无法检测到甜味。

　　蜂鸟是古代雨燕的后代。与现代雨燕一样，蜂鸟的祖先只以昆虫为食。昆虫或蠕虫自带的鲜味会让古代雨燕感到愉悦，这时的它们对糖分并没有兴趣。然而，大约 4000 万年前，古代雨燕的一个分支开始采食花蜜和其他含糖物质。一开始这也许只是为了解渴，因为花蜜对它们而言并不香甜。单就其味道而言，在这些古代雨燕口中，花蜜的味道与水无异。不过，与水不同的是，花蜜能为它们提供糖分。研究人员推测，在这支古代雨燕中，摄入较多花蜜的个体更有可能获得能量，因而更有机会将其自身基因传递下去，这使得它们的鲜味受体逐渐进化，除了可以检测到通常能带来鲜味的化合物（氨基酸，如谷氨酸以及某些核苷酸）外，还可以检测出糖分。这一支古代雨燕就是最初的蜂鸟。与大多数鸟类不同，蜂鸟可以尝出糖分和氨基酸的味道。不过，由于蜂鸟是用同一种味觉受体来体验这两种物质的，因此，上述物质很可能会给它们带来相同的愉悦感受——"甜鲜味"。[20]

一个物种能够发现新奇事物的美味，并在这一过程中补充自身味觉类型，这就是进化的迷人之处。这些对生物体能力进行的微调，能通过愉悦感激励生物主动满足自身所需。我们对味觉受体进化之旅的研究越深入，此类故事似乎就出现得越多。我们甚至可以预测它们的发生。蜂鸟并不是唯一以花蜜为食的鸟类。同样以花蜜和其他甜味物质为食的还有太阳鸟、刺花鸟和食蜜鸟，三者均与蜂鸟关联不大，按生物分类，它们甚至不处于同一目中。这三种鸟似乎也进化出了甄别含糖食物的能力，并会因摄入糖分而感到愉悦。三种不同的沙漠哺乳动物，虽然生活在不同的沙漠中，却都进化出了以能分泌出盐分结晶的植物^①为主食的能力。为此，它们进化出了专门适应这种生活方式的特殊生理特征，例如，它们口腔内部的纤毛有助于刮除植物表面析出的盐分结晶。与其他动物不同，这些以含盐植物为食的哺乳动物不再需要去寻找额外的盐分，因此它们似乎已经失去了咸味受体。[21]但是，所有这些微调使我们在分析人类谱系时碰到了一个有趣的问题。

我们属于灵长类动物，也就是说，狐猴、猴子和猿类都是人类的远亲。在灵长类动物中，人类这一分支属于人科^②，与我们并列的还有大猩猩、黑猩猩、倭黑猩猩、红毛猩猩以及那些能填满整个动物园的已然灭绝的亲戚。在人科中，我们就是唯一幸存的人亚族成员。纵观全体灵长类动物，我们会发现，各个物种在其味觉受体方面存在显著差异。除检测针对的物质不同外，对于同一物质，这些物种味觉受体的检测阈值也有所不同。例如，一些我们尝起来味道苦涩（且致命）的植物，对于某些猴子而言却并无苦味（也不危险）。此外，当食物中的糖分浓度达到一定

---

① 为了对抗盐碱，保障正常的生理活动，荒漠植物进化出了神奇的排盐机制，有的植物通过分泌作用将盐分排出体外，有的则通过在植物体某个部位集中盐分，再将这一部位脱落来减少自身含盐量。

② 人科分猩猩亚科和人亚科。前者包含猩猩属，后者目前存活的有大猩猩族和人族。人族，目前仅存两亚族，黑猩猩亚族与人亚族。人亚族共六属，其中五属已经灭绝，现仅存一属一种，即智人，又称人类。

数值后，我们就会体验到甜味，而与人类相比，狨猴[1]需要摄入糖分浓度更高的食物才能尝到甜味。也就是说，纵观全体灵长类动物，我们在物种间发现了许多差异，且其中一些极为显著。但这里还有一个奇怪的现象。作为与我们最为接近的物种，黑猩猩的味觉受体居然和人类的味觉受体极为相似。所以在大多数情况下，让我们垂涎欲滴的食物，在黑猩猩眼中也属于美味佳肴。这是一项令人震惊的发现，因为早在双方共同的祖先分化之后，人类和黑猩猩各自的祖先就踏上了截然不同的饮食之路。大部分黑猩猩生活在丛林中，余下的小部分则在草原上游荡。它们的主食是水果和昆虫，却也不介意偶尔逮上几只猴子打打牙祭。而人类的足迹则遍布全球。在这一过程中，人类每到一个新的栖息地，都会将全然不同的食物摆上餐桌。既然人类和黑猩猩的食谱存在如此之大的差异，那么这为何没有引发味觉受体发生变化呢？其实，我们如果仔细观察，在某种程度上还是能发现一些细微变化。当然，真相远不止如此。

在创造料理传统和捕猎工具的过程中，我们的祖先掌握了将任意栖息地的食材化作美食的方法。在这一过程中，人类祖先削弱了自然选择[2]对味觉受体基因的影响。他们抑制了自然对不同

---

[1] 狨猴是生活在南美洲亚马孙河流域森林中的一种世界上最小的非人灵长类动物，现已成为生物医学领域的热门研究对象。

[2] 达尔文认为，生物的变异、遗传和自然选择作用能导致生物的适应性改变。其中，自然选择指的就是生物在生存斗争中，有利的个体差异和变异得到保存、有害变异逐渐消亡的过程。自然选择是一个长期、缓慢、连续的过程，通过一代代的生存环境的选择作用，物种变异定向地朝着一个方向积累，于是性状逐渐和祖先不同。最后，新的物种就这样形成了。

类型基因代代遗传的影响。自然选择会找出那些拥有较多和当地饮食相关的味觉受体基因的个体，通过这些个体的差异性生存繁衍来解决该物种的膳食性缺乏问题，而我们的祖先则不必被动等待这一过程。他们通过使用工具，寻找那些独特的风味，来弥补自身清淡饮食的不足。这些风味往往会（尽管并不总会）指引他们去获取人体所需的各类元素。这大概就是卢克莱修所说的"转向"①。借助少许的认知思维和一小撮自由意志，我们的祖先改变了自身处境，并在这么做的同时，改造了整个世界。在追逐美味的过程中，他们书写了自身故事的转向，也让我们人类的命运出现了转向。正如我们将在下一章论证的那样，这一转向会是人类祖先进化历程中的关键一步。他们通过思考，学会了制作工具，来获得比徒手采集之物更加美味的食物。通过使用工具，人类祖先让栖息地的一切变得更加美味，接着，在四处迁徙的过程中，他们又借助工具，让所到之处都变得美味起来。这样看来，人类进化的核心就是追求美味所带来的愉悦。[4]

---

① 卢克莱修认为自由的核心意象就是突然的"转向"。一切事物都是由转向而产生的。转向是自由意志的源泉。当宇宙中的原子向下和向外降落时，它们任性地转向，而这种方向上的变化给予了我们意志的自由。

第二章　寻味者们

唯有人才能烹饪出美味佳肴。在为自己的食物调味时，每个人或多或少都算得上是一名厨师。

——詹姆斯·鲍斯韦尔（James Boswell）^①

《与塞缪尔·约翰逊同游赫布里底群岛》

（*The Journal of a Tour to the Hebrides with Samuel Johnson*）

你我和黑猩猩可不一样。早在大约 600 万年前，我们的祖先就已经和黑猩猩的祖先分道扬镳，踏上了不同的进化道路。与人类的祖先相同，黑猩猩的祖先在随后许多年中不断经历进化和演变。而现代黑猩猩的生活方式，在许多方面似乎都与我们人类共同的曾曾曾……曾祖父十分相似。[22] 因此，我们可以通过研

---

① 詹姆斯·鲍斯韦尔（1740—1795），英国著名的文学大师，现代传记文学的开创者，代表作为《约翰逊传》（*The Life of Samuel Johnson*）。1763年，这位苏格兰贵族出身的青年结识了英国文坛领袖塞缪尔·约翰逊，并立志为对方作传。他们一起游历了被誉为"世界尽头的冷酷仙境"的苏格兰赫布里底群岛。

究现代黑猩猩的生活方式，来了解人类祖先的方方面面，其中就包括他们过去喜欢的风味。这并不是个全新的点子。查尔斯·达尔文在他1871年出版的《人类的由来及性选择》(*The Descent of Man and Selection in Relation to Sex*)[①]一书中，反复提及了这一想法。但直到20世纪60年代初，当珍妮·古道尔(Jane Goodall)开始在坦桑尼亚的季节性干旱森林贡贝中与黑猩猩同吃同住，着手研究这种人类近亲时[②]，达尔文的观点才得到了研究界的充分重视。

在珍妮·古道尔开始研究黑猩猩的那个时代，科学家们已经将黑猩猩视作与人类最为接近的物种，但又不觉得它与其他灵长类动物（如大猩猩或猴子）有什么显著区别。彼时，学界尚未意识到黑猩猩会成为人类了解自己祖先的一个窗口。它们只不过是另一种生活在森林中以水果为食的灵长类动物而已。但是，线索就在它们身上。

其中一些线索与黑猩猩会使用工具有关。在《人类的由来及性选择》一书中，达尔文写道："人们常说，没有任何动物

[①] 《人类的由来及性选择》，达尔文所著的生物学著作，是继《物种起源》后探讨人类起源的另一部重要著作。

[②] 贡贝国家公园位于坦桑尼亚西北部，园区内山峦起伏，森林密布，非常适合狒狒、黑猩猩、疣猴等灵长类动物生存。英国女科学家珍妮·古道尔在20多岁时来到了这个蛮荒之地，近距离观察黑猩猩的生活习性。为了研究这种人类的近亲，她在野外一共度过了38年。由于对野生动物的研究、教育和保护做出了杰出贡献，她成为当代声誉最高的动物学家之一，曾获得联合国颁发的马丁·路德·金反暴力奖，被伊丽莎白二世授予大英帝国高级女爵士勋章。

会使用工具。但事实上，自然界的野生黑猩猩就会用石头敲开当地一种类似核桃的果实。"[23] 在达尔文发表这一言论的几年后，有些旅行家也评论了黑猩猩似乎会用石头砸开坚果。有人观察到一只黑猩猩会将棍子戳进地面的蜂巢①，舔食蘸取到的蜂蜜。但描述这些观察结果的言语往往显示出对黑猩猩这些能力的不屑一顾，仿佛每一个例子都只是个别黑猩猩不经意间发现了一个基本技巧罢了。给黑猩猩一台打字机和足够的时间，它甚至有可能敲出一本《奥德赛》，在一些人看来，它们会使用棍子也只是一种巧合罢了。然而，珍妮·古道尔在贡贝对黑猩猩的长期观察与研究，迅速改变了人们对这一物种的认知。

黑猩猩的饮食结构和进食方式是珍妮·古道尔的重点关注对象。她很快发现，黑猩猩有反复使用工具的意识。他们会将树枝插入白蚁丘"钓"蚂蚁吃。[24] 仅在 1964 年，古道尔就观察到了 91 次黑猩猩使用树枝制成的工具采食白蚁的行为。除白蚁外，它们还会用树枝采食蚂蚁。在行动前，贡贝黑猩猩会先将树枝按一定长度折断，然后将其插入行军蚁（行军蚁属）或树栖举腹蚁（举腹蚁属）的蚁穴里。这时，蚂蚁就会发起反抗，它们死死咬住"敌人"（树枝），绝不松口，黑猩猩则趁机把树枝抽回来，"撸串"似的一口抿掉。这些工具就是黑猩猩

---

① 不是所有蜂类都在树上或屋檐处筑巢。以分布广泛的熊蜂（蜜蜂总科熊蜂属）为例，地下、地表和地上都可以是它们的筑巢地点。

的木制厨具——虽然不像黄油刀一样每天都会用到，却也属于常用厨具。继珍妮·古道尔于贡贝开启研究15年后，瑞士生物学家克里斯托夫·伯施（Christophe Boesch）也在科特迪瓦的塔伊国家公园开启了对黑猩猩的研究。他认为这些树枝工具与筷子类似。因为，和筷子一样，它们适用于多种场合，能够实现不同目的，并且和筷子一样有着各种各样（却又相互关联）的形态。

随着珍妮·古道尔、克里斯托夫·伯施及其他科研人员对黑猩猩展开愈发细致的研究，他们发现，黑猩猩手中各类工具的用途千差万别。随着时间的推移，科研人员捕捉到了许多黑猩猩使用工具的画面，比如用叶子折成的工具舀水，用树枝制成的工具采食蚂蚁、蘸取蜂蜜（连带着蜜蜂）、捞起藻类[25]，以及利用石块工具将难以咬开的坚果砸裂敲碎后食用。[1]对黑猩猩的研究越充分，全新工具的使用记录就越多。研究界还有另一个重要发现，即在不同地点，黑猩猩使用的工具和工具的用途也有所不同。有几类工具的使用似乎只有特定区域内某一支黑猩猩族群才会掌握。例如，在塞内加尔东南部的方果力地区，草原黑猩猩群落中的雌性和幼年黑猩猩会用牙齿将树枝末端咬尖，然后把这种"长矛"插入树洞，戳刺猎物。这些树洞是昼出夜伏的婴猴[①]的卧室，黑猩猩会把这种毛茸茸、大眼睛的小家伙串成一根大肉串。

　　黑猩猩族群之间对工具的使用存在差异，这不仅仅是因为它们所处的栖息地不同。因为有时，栖息地基本相同的两个族群使用工具的目的也可能全然不同。举例而言，如前文所述，栖息在贡贝的黑猩猩会使用树枝去"钓"白蚁。它们也用这种工具来采食多种举腹蚁和行军蚁。而在贡贝以南140千米处的马哈雷山国家公园，有着另一个长期科研驻地，那里的黑猩猩也会食用蚂蚁。尽管当地也有举腹蚁、行军蚁出没，但它们从来不去打扰这两种蚂蚁，而是把木匠蚁（弓背蚁属）[②]加入食谱。[26]生活在相似栖息地的两个黑猩猩族群，使用同样的工具，所获得的食物却不同。而不同的黑猩猩族群，又经常使用不同的工具去获取相同的食物，抑或使用同种工具却以不同的方式食用相同的食物[③]。[27]这些黑猩猩族群的食谱选择及进食方式的差异，反映了黑猩猩们的料理传统。

---

① 婴猴，又称丛猴，两者均取自英文名bushbaby（丛林婴儿），属于小型夜行灵长目动物，因其在夜间会发出婴儿啼哭般的叫声而得名。
② "木匠蚁"因其习性而闻名，它们喜欢在已被水泡坏的木质结构内挖掘通道，建造巢穴。
③ 克里斯托夫·伯施在观察三个黑猩猩族群"钓"白蚁时发现，一个黑猩猩族群喜欢侧躺着"钓"白蚁，另一族群偏好采用肘部拄地的姿势，最后一个则普遍采取坐姿。

图 2.1 黑猩猩在用石器锤打坚果。

　　不同人群的饮食文化差异有着许多组成部分，包括特定人群的食谱上有着哪些物种，他们将如何获取它们，又如何准备并料理它们，甚至涉及他们会如何看待及谈论这些物种。然而，研究黑猩猩的科学家们对文化和文化差异的定义更为狭义。这些研究者认为，"文化"一词专门适用于解释不同黑猩猩族群使用不同工具以获取相同食物，或使用同种工具来获取不同食物的现象。为避免陷入围绕"文化"定义的无休止争论中，我们使用了"料理传统"（culinary traditions）①一词，它囊括了世代不同的饮食方式的方方面面。某些料理传统的传承可能需要幼崽去观察和模仿

---

① 原文中反复出现的culinary traditions涵盖了从获取食材、加工食材、烹饪前的预制工作到正式烹饪的方方面面，单纯翻译为"饮食"或"烹饪"均不合适，选用"料理"一词，既有其中文本意"处理、烹饪"，也有其在日语中的"菜肴"之意。

成年个体的行为，也有一些则无需有意识地主动学习。例如，母体会将该物种对特定风味所对应的香气的偏好直接遗传给腹中幼体，无需另作任何教导（我们会在第六章讨论这种偏好）。

依照定义，"料理"指"一切由群体熟练掌握且有明确意图的，在进食前对食物的改造行为"。[28]黑猩猩的料理传统有着典型的蛮荒特色，它们利用工具，将在大自然中无法获取的食材——比如蚂蚁、白蚁，以及婴猴的内脏——添加在了自己的食谱上。料理是一项重大的进化创新，这在自然界中极为罕见。在现存物种中，还没有哪一个比黑猩猩和人类更加复杂。学界认为，在业已灭绝的物种中，料理似乎也是我们和黑猩猩的共同祖先生活中的一个重要特征。料理的起源是追寻风味和美食。想象一下，在约600万年前，人类和黑猩猩的共同祖先和现在的黑猩猩一样，以族群为单位生活，而每个族群都有着各自的料理传统。[29]最终，我们共同的猿类祖先的部分族群，学会了使用现代黑猩猩所掌握的各种"餐具"，比如用于砸开坚果的石块、蘸取各类蜜蜂蜂蜜的多种树枝工具，甚至还有成套的专为采食白蚁和蚂蚁而准备的树枝工具。虽然并不频繁，但它们有时也会用工具狩猎其他哺乳动物。它们还没进入石器时代，或者说，仍处于"树棍时代"①，一个料理和料理传统刚刚起步的时代。2

---

① 原文的Stick Age略带调侃之意，实际上，人类早期文明确实不是单纯的"石器时代"，只是木制品远比石器容易腐坏，所以很难发掘出证明原始人普遍使用木质工具的有力依据。

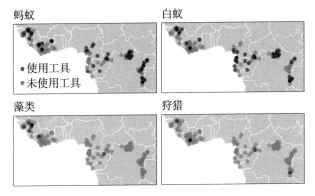

蚂蚁　白蚁

● 使用工具
● 未使用工具

藻类　狩猎

图 2.2　研究者在地图中标记的位置观察黑猩猩族群。其中，在深灰色点位置，他们发现黑猩猩有使用工具采食蚂蚁和白蚁、捞取藻类和狩猎动物的情况，在浅灰色点位置则没有。

在"树棍时代"，非洲的气候逐渐转冷。热带森林的面积因此开始缩减，慢慢被林地所取代。后来，草类植物进化出了新的品种，草原面积随之扩张，轮到林地节节败退。[30] 受此影响，我们祖先的觅食范围开始扩大，不时穿过草原，从一片森林迁移到另一片森林（与人类的祖先相反，现代黑猩猩的祖先似乎更喜欢待在树上）。人类祖先中那些比较擅长直立行走的成员，能更容易地穿越森林之间的草地。[3] 他们可能会选择穿越那些意外起火烧毁的草地，因为这里容易行进，也更加安全（塞内加尔方果力的黑猩猩有着相同的行为）。[31] 目前发掘的所有这一时段的人类祖先及其近亲的脊柱、髋部和足骨化石，都证实人类祖先的直立行走能力要比黑猩猩的祖先略胜一筹。虽然比起现代人类，我们的祖先的外表与黑猩猩更为相似，但这些物种已经踏上了演变之路。大多数古人类学家认为，就是在这一时期，人类祖先开始使用全新的觅食工具，其中既有用于戳刺猎物的木矛（方果力的黑猩猩就是在用这个猎杀婴猴），也有适合在林地、池塘边与河岸附近挖掘植物根茎的尖头木棍。无论这些木质工具长什么样子，它们要么在时光的冲刷下腐朽殆尽，要么深深埋在地底某处，静候着重见天日的那一天。[4]

在大约 350 万年前，人类祖先所赖以生存的森林日益萎缩，各个森林之间的距离越来越远。随着气候持续转冷，草原不断扩张。食草动物的数量明显增多。为采集足够多的水果，人类的祖先不得不跋涉更远的距离。大约就在这个时期，我们的祖先逐渐演化为了"南方古猿"（拉丁学名：*Australopithecus*）[①]。多种南方古猿的骨骼结构显示，它们比自己的祖先更适应直立行走。目前，古生物学家已经发现了几十个南方古猿个体的骨骼化石，它们可划分为六个甚至更多的种类。[5]分类依据主要基于它们的外貌体型和生活方式。不过，所有种类的南方古猿似乎都主要以森林里的水果、根茎和树叶为食。[6]

南方古猿比现代黑猩猩更接近人类，它们的脑容量更大，直立行走的步态也与人类相似。不过，与灵长类动物 6000 万年来的演变相比，进化给南方古猿带来的变化只能说是不大不小。接

---

① 南方古猿是人科动物下一个已经灭绝的属。南方古猿属之下有多个不同的种，有的粗壮，有的纤细，但都有着共同特点，即能够直立行走。它们离开了祖先所生活的森林，选择在开阔地带活动，会使用简单的天然工具。

着，在大约 280 万年前，我们的祖先和远古亲戚开始以更快的速度进化。这种快速进化与能人（拉丁学名：*Homo habilis*）的出现有关，更与之后名为"直立人"的古人类的出现有关，后者于约 190 万年前徘徊在不断扩张的非洲草原上 [①]。

我们不妨先暂停一会儿，梳理一下这些名词。长期以来，灵长目人科人属下的物种名称一直处于变化状态。十年前还在使用的名称，在你现在所读的这本书中很可能已经废弃不用。我们该如何是好？古人类学家克里斯·斯特林格（Chris Stringer）[②] 特地对专名问题进行了细致研究，他建议人们玩一个文字游戏，即把所有灵长目人科人属下的物种均归为人类（但这不是谎言而是事实）。就本书正在讲述的故事而言，我们既会讨论古人类（如前文我们提到的直立人），也会谈及现代人（智人、尼安德特人，以及在过去 100 万年中存在过的其他几个杂交人种）。为求内容简单易懂，除非确实需要探讨分类学或聚焦某些特定人种，否则我们倾向于只讨论古人类或现代人。现在，让我们言归正传，回到本书的故事中来。

作为最早出现的古人类，直立人的脑容量相对于其身体大小而言是黑猩猩的两倍。此外，直立人的臼齿较小，或者说远小于

[①] 人类的进化史可分为南方古猿、能人、直立人和智人四个阶段。我们比较熟悉的元谋人和北京人，就属于中国境内的直立人，而山顶洞人则属于智人。

[②] 克里斯·斯特林格，英国著名人类起源学者，大英自然博物馆人类起源研究部门负责人，他在20世纪60年代提出的"走出非洲"模型如今仍然是世界主流观点。

根据其身体大小所作的估测；相应地，其下颌的骨结构也比较纤细。[7] 研究界尚不清楚是什么行为或生态变化促使古人类的身体发生了上述改变，但却就此达成了以下共识：古人类此时已经掌握了大量获取并加工处理那些难以找到而易于消化的食物的全新手段。这些全新的料理方式，不仅使古人类能够摄取足够能量来负担更大的大脑，还减少了他们对牙齿和颌骨的依赖。不过，研究界还未就这些食物料理的具体方式达成共识。

研究者提出了许多可能的猜测。比如古人类可能已经掌握了从蜜蜂那里稳定获取大量蜂蜜的办法。现代黑猩猩会直接掏蜂窝，或将树枝捅入蜂巢蘸取蜂蜜。但是在抢夺和盗取蜂蜜的过程中，蜜蜂会疯狂地攻击蜇刺入侵者，因此黑猩猩所能获取的蜂蜜极为有限。南方古猿肯定也面临着同样的烦恼。然而，我们的祖先最终还是找到了让蜜蜂平静下来的方法，并因此收获了更多蜂蜜。烟雾能使狂乱的蜂群平静下来，会让它们在 10 到 20 分钟内晕头转向。[8] 在某些情况下，烟雾甚至可以将蜜蜂驱离蜂巢。如果古人类掌握了烟熏蜂巢的技能，他们就能获取更多香甜的蜂蜜和肥美的蜂蛹。古人类也可能会使用特定的植物汁液去安抚蜜蜂。即使在今天，全球各地仍存在数十个使用这一手段的土著群体，他们或将这些液体涂抹在自己的皮肤上，或将其喷洒到蜂巢表面，这些都能降低蜜蜂的攻击性。[32] 无论选择哪种方式，只要蜜蜂平静下来，人们就可以相对和平地采集蜂蜜和蜂蛹。如此一来，所采集的食物量就大大增多。以生活在刚果民主共和国伊图里森林里的爱菲人（Efe）为例，这些狩猎采集者会通过烟熏蜂巢来收集大量的蜂蜜和蜂蛹。在雨季，该支土著人近八成的卡路里摄入都源自蜜蜂。古人类可能也对蜜蜂形成了类似的依赖。部分学者猜测，较为稳定的糖分摄入会使古人类的脑容量增大，而食谱的变化则让他们原本粗壮的牙齿和强力的下颌逐渐缩小、变弱。

也有学者认为，古人类可能已经开始食用水生有壳动物。同为生肉，与哺乳动物或禽类相比，水生有壳动物（包括软体动物、甲壳动物和棘皮动物）更易于消化。这是因为禽类和哺乳动物身体中的结缔组织富含胶原蛋白，使得生肉十分难以咀嚼。（不过这也是哺乳动物和禽类在烧熟后肉质多汁的奥秘，因为肉块中的结缔组织会在烹饪过程中转化为胶质。[①]）对待贻贝和牡蛎这类软体动物，古人类的吃法和你我一样，嘴巴用力一吸，鲜活的牡蛎就滑入肚中。螃蟹、龙虾等甲壳动物，以及海胆之类的棘皮动物，对古人类而言都可以直接生食。

在大约 190 万年前，食用水生有壳动物的某些方面必然发生了一定变化，才使其得以在古人类的进化中发挥重要作用。也许就是在这一时期，我们的祖先发明了收集和取食水生有壳动物的新办法。正如美食家布里亚-萨瓦兰所指出的那样，新手很难轻

---

① 生肉质地柔软，咀嚼时我们很难用牙齿将其咬断；而在烹煮时，肉质就会逐步发生改变，这一过程会涉及肌凝蛋白和肌动蛋白的变性。

松快速地解决这些水生有壳动物。他在书中描绘了自己与一位政要在月色中享受牡蛎盛宴的经历。在布里亚-萨瓦兰笔下，这位达官贵人"风卷残云般消灭了 32 打牡蛎[①]"，而且只"耗费了一个多小时，这还是因为笨手笨脚的仆人不善于撬开贝壳"。能够熟练地徒手打开贻贝、剥取甲壳动物的鲜肉，或者能够巧手制作出相应的取食工具（原始的牡蛎刀和螃蟹夹子[②]），可能是人类祖先的一项重大创举。黑猩猩不会食用贻贝（至少目前不会），但是，正如前文所述，研究人员观察到了多个会捞取藻类的黑猩猩族群。水藻中经常掺杂一些迷你的鱼、虾、蟹、贝，黑猩猩会将它们当作水藻的配菜一同食用。[33] 此外，他们还发现，野外至少存在一支喜欢沿着溪流漫步，四处翻动岩石，捡食它们在石块下找到的螃蟹的黑猩猩族群。[34] 也许古人类也是这样采食螃蟹的，只是会使用更为高效的工具。

　　关于古人类生活方式发生改变的原因，研究界存在许多猜测，其中，被引用次数最多的一条，是他们学会了如何加工食物。飞禽走兽的生肉和植物根茎的许多能量都被封锁在难以消化的化合物中。在我们生吃食物时，这些化合物基本上会原封不动地被人体排出。[9]古人类也面临着同样的困境。而加工手段则会把不易消化食物中的风味物质释放出来，也能使人类从食物中获

---

① 即384只牡蛎。

② 与胡桃夹子的形状和用途相似，可用于破开螃蟹、龙虾和其他可食用甲壳类动物的坚硬外壳。

得更多能量。古人类可能掌握了多种食物加工手段。

　　鉴于连黑猩猩都懂得用石块反复敲打并砸开某些食物，不难想象，古人类也拥有同样的技能，并且甚至可能会更擅长，能更高效和更频繁地加工食物。我们知道，古人类会将一块石头当作锤子去敲击另一块，以得到一些锋利的石片和余下的石核（石片就是从石核上打下来的）。石核经过进一步的打磨，可以制成另一种名为手斧的工具（其用途仍存在大量争议）。古人类可能会用锋利的石片切割肉类，用厚而钝的石核石器敲砸基座上的坚果或根茎等食物。飞禽走兽的生肉经切割后，将更容易为人体所消化吸收。在切肉过程中，古人类可能实质上将石器视为了自身牙齿的一种更加强力、锋锐、便捷的替代品。在首位古人类出场时（距今大约 190 万年），人类的祖先使用石器的历史至少已经有140 万年了。[35] 在这段时间中，我们的祖先可能掌握了更为高效的切割技术。与大多数土著狩猎采集者和某些黑猩猩族群成员类似，他们可能也会敲砸食物。与切割食物的效果相仿，敲砸食物既可以打碎硬壳、去除外皮，也可以通过浸泡敲砸后的食物，得到细胞内部的营养物质，这些都将使人体摄入更多能量。在反复敲砸的过程中，石器又一次扮演了牙齿的角色。

　　除了切割和敲砸食物，早期的古人类可能还会试着去发酵食物。与切割、敲砸相似，发酵也有助于使食物更易咀嚼和消化。发酵食物可为人体提供更多的卡路里。它还有一个额外的优点，即操作得当时，发酵可以杀死潜在的病菌。此外，肉类和植物根茎经过发酵后，可能会出现食物中原本并不含有的营养物质。比如，乳酸菌可以合成维生素 B_{12}。还有一些微生物有着固氮作用，能将空气中游离的氮元素收集并转化为氨基酸。不幸的是，就古人类是否会将食物发酵后食用，相关的考古记录仍是一片空白。美国西北大学灵长类动物学家凯蒂·阿马托（Katie Amato）[1] 对此提出有力论证，认为早期的古人类可能已经掌握了食物发酵技术（我们将在第七章深入探讨这种可能），但这一猜想正确与否，还有待进一步研究。

接下来介绍的猜想与火有关。

哈佛大学的灵长类行为学家理查德·兰厄姆（Richard Wrangham）在其著作《生火：烹饪造就人类》（*Catching Fire: How Cooking Made Us Human*）中指出，生火和烹饪是早期古人类实现进化的定义特征[2]。理查德·兰厄姆认为熟食能为人类祖先提供足够的能量，使他们的大脑有机会进化得更大。依据他的假设，作为影响古人类进化的关键因素，烹饪的出现应不晚于 190 万年前。然而，较为有力的证据显示，古人类最早主动生火烹饪的时间并没有这么早。不过，平心而论，目前研究人员手中的证据相对匮乏，同样根本无力支撑在 190 万年前，古人类就已经掌握发酵技术并能够采集蜂蜜的猜想，也没有证据表明这一时期的

---

[1] 凯蒂·阿马托，美国西北大学人类学助理教授，重点关注肠道微生物群如何影响宿主的营养和健康。

[2] 定义特征指的是代表一个概念必须具有的本质特征。

古人类分割生肉、切削根茎、敲砸坚果或食用水生有壳动物的行为有着显著增加。

理查德·兰厄姆围绕火焰提出的大胆猜想引发了广大争议，暂且不论他的观点是否正确，我们先看看该猜想中的一个基本没有异议的假说。这个假说与火焰何时或是否影响了人类祖先的进化无涉；相反，它的关注点是为什么我们的祖先能够首创全新的料理方式。这是一个跟切割、研磨和发酵有关的假说，与生火也相关。兰厄姆教授在他的著作中多次提到，人类祖先之所以开始生火烹饪，最可能的原因就是熟食很美味，或者说至少比生食可口。是的，生火烹饪可以让人体从食物中摄入更多的卡路里。这样一来，我们的祖先就有更多的自由时间去探索新鲜事物，比如发明语言和研制石器。不过，我们的祖先在生火烹饪时并没有预料到这些后续变化的发生。动物，哪怕是现代人，都很少会基于长期利益作出选择。理查德·兰厄姆认为，我们的祖先之所以开始生火烹饪，就是因为熟食比生食更美味可口。让我们思考一下兰厄姆教授的观点究竟是什么意思。在寒夜中生一堆火，可以为我们照明取暖，将火焰束缚在炉子里，就能帮我们烘烤食物。内燃机、摩登都市、现代战争、互联网以及其他诸多事物的诞生，都源自人类祖先眼前的一小团火焰。而最初，我们的祖先可能只是想利用它将食物变得更加美味。

为了方便记忆，我们给兰厄姆教授的猜想起个名字，称其为"寻味者假说"。"寻味者假说"关注的是火焰的作用，而不在意人类最早在什么时候学会了生火。所以，兰厄姆教授关于火焰对人类进化的重要性的认识正确与否，并不影响"寻味者假说"的合理性。依照这一假说，无论古人类何时学会了生火，他们使用火焰的首要原因都是熟食比其他食物更令人愉悦且美味可口。"寻味者假说"也不单单适用于解释火焰的使用，它还可以从方方面面分析黑猩猩的料理传统和特色美食。黑猩猩会制造并使用工具以追寻它们所钟爱的风味，而这些工具的具体情况在一定程度上与它们的生存环境有关，还与它们的族群传统有关。无论我们的祖先何时开始使用其他食品加工技术，"寻味者假说"都能解释他们这么做的原因。该假说提出了一个大胆的猜想，即我们的祖先使用全新工具和技术获取的食物，会比那些以其他传统方式获得的食物更加美味。至少大多数证据表明，确实如此。

正如前文所述，黑猩猩和人类有着一样的味觉受体和口味偏好。尽管我们和黑猩猩在饮食和身体上存在巨大差异，但这就是事实。在进化过程中，人类的肠道（我们的大肠更短，对绿色植物的消化能力较弱）、口部（我们的牙齿更小，颌骨更弱）和胃部（虽然相关数据很少，但我们的胃液酸性似乎更强）都变得与黑猩猩的大不相同。甚至双方的消化酶都有所不同，至少有部分消化酶如此。一些人拥有不同版本的基因，这使他们在告别童年之后的很长一段时间里，体内仍能继续生成乳糖酶。持续产生的乳糖酶使这些人在成年时期仍能继续饮用和消化乳制品。这种情况并不会出现在黑猩猩或其他哺乳动物身上。然而，尽管彼此之间存在差异，我们与现代黑猩猩的味觉受体却十分相似，而且很可能与双方共同祖先的也非常相似。虽然人类的祖先与黑猩猩的始祖于 600 万年前分道扬镳，各自在进化道路上继续前行，双方之间形成了共计 1200 万年的进化差异，但这种相似性依然存在。

人类的甜味受体和鲜味受体好像与黑猩猩的极为相似。黑猩猩似乎也会被盐分甚至酸质（酸味）所吸引，它们所能接受的咸味与酸味的浓度也与人类相差不大。科学家在动物园进行研究后发现，一旦克服了食物带来的新奇感，黑猩猩和大猩猩对陌生食物的偏好顺序在一定程度上与动物饲养员及其他人类的相同。我们和它们都更喜欢芒果，接着是苹果，最后才会选择生土豆。[36]我们和它们都偏爱那些富含能触发鲜味受体的化学物质的食物，也都喜欢弄点盐吃（即使已经摄入过多盐分）。[37]科学家因此作出了合理假设，即黑猩猩进食时尝到的味道（和人类的感觉一样）可能就是 600 万年前，双方共同的祖先在森林中觅食时所能尝到的某些味道。这一事实有助于验证我们的祖先属于寻味者的假设，实际上，这可能也反映出我们的祖先在多大程度上属于寻味者。

大多数黑猩猩研究者都品尝过黑猩猩的食物，或至少尝试过一部分。这是必然的。你需要在深山老林中长达数小时地跟踪和观察黑猩猩，这时，你会情不自禁地想：它们吃的那些东西会是什么味道？如果你正巧又饥又渴，这种诱惑就更大了。饥肠辘辕时，很少有人能在看着黑猩猩津津有味地进食时还能把控住自己。你会忍不住往嘴里塞一块品相不佳的水果，然后得到上一个问题的答案，幸运的话，还能填填肚子，缓解饥饿。正如《人体的故事》（The Story of the Human Body）[38]的作者丹尼尔·利伯曼（Daniel Lieberman）① 在一封电子邮件中指出的那样，"这真的很有趣"。1991 年，黑猩猩研究人员西田利贞② 开启了一项更为系统的味觉测试。在这项为期 6 年的研究中，西田利贞来到坦桑尼亚坦噶尼喀湖东部边缘的马哈雷山脉③ 中，跟踪观察了 9 只雄性黑猩猩的日常生活。黑猩猩能轻松写意地在树木之间辗转腾挪，而西田利贞只能在它们下方的林地上，以他最快的速度蹒跚前行。在马哈雷黑猩猩所食用的不同植物中，西田利贞品尝过 114 种。

从黑猩猩的某些食物中，西田利贞只能尝出苦味，因而无从判断这些食物对于黑猩猩而言是什么味道，这也是该实验唯一的盲区。研究界普遍认为，人类和黑猩猩的苦味受体存在一定的差异，所以西田利贞觉得苦涩的植物，在黑猩猩乃至双方共同的祖

---

① 丹尼尔·利伯曼，哈佛大学进化生物学教授，在人脑和人体进化领域取得巨大成就，擅长从进化视角研究人类的健康与疾病。

② 西田利贞，一位和珍妮·古道尔一样伟大的黑猩猩研究者，他曾于1965—1968年在坦桑尼亚研究黑猩猩，后留在东京大学任教。

③ 马哈雷山国家公园位于坦桑尼亚，是坦噶尼喀湖上的一个半岛。马哈雷山延绵贯穿公园的中部，该地区的主要植被是灌木林地和带状狭窄树林，其中居住着大象、长颈鹿、斑马、野牛、土狼和猩猩。

先口中可能并不苦涩。一些水果会通过果肉吸引黑猩猩及其他动物吃下果实，当这些动物四处游荡时，种子就会随着粪便，散播到森林的各个角落。那么，黑猩猩觉得带有甜味、酸味、咸味或香味的水果会是什么滋味呢？总的来说，这些水果的味道差强人意。西田利贞所尝试的黑猩猩食谱中，有相当多的植物是可以食用的，但也仅仅能用于果腹。在他的叙述中，这种食物"寡淡无味"（insipid），这个单词源自拉丁文 insipidus，in 意为"没有"，而 sapidus 指的是"味道"。其他有着相似经历的灵长类动物学家称，黑猩猩的食物给人最主要的印象就是"干巴巴的"。人在饥饿时，即使是寡淡无味且干巴巴的食物，也能强忍着吃下。饥饿的黑猩猩也是如此。这些食物可以下咽，但绝对谈不上美味可口。这也是理查德·兰厄姆在研究了乌干达西南部基巴莱国家公园①的水果后，所得出的结论。在整个旱季，黑猩猩所能采食的水果似乎都特别寡淡。换句话说，马哈雷山脉和非洲其他地方的黑猩猩并不像圣经故事里的人类祖先一样，生活在到处都是奇珍异果的伊甸园中。在现实世界里，大部分时候，黑猩猩只能啃食淡而无味的水果。

　　然而，有意思的是，黑猩猩会在一堆水果中优先选择我们觉得香甜的，甚至是酸甜的水果，比如马哈雷的一种无花果。西田利贞称这种水果和他在日本超市买到的无花果别无二致。它自带

---

① 基巴莱国家公园，乌干达最重要的灵长类动物保护区，养育了多达13种灵长类动物，包括黑猩猩、尔氏长尾猴和红疣猴等。

一种沁人心脾的香味，借用法国著名美食家布里亚-萨瓦兰的表述，那是一种"清新的酸爽"感。后续研究表明，黑猩猩族群会记住这种美味水果的生长位置及成熟时间，并在预估水果成熟后前去采摘。它们会穿过森林，径直去寻找那些香甜的果实。

依据这些研究，生物学家们作出了合理猜测，即人类与黑猩猩的共同祖先也会在他们所生活的原始丛林中寻觅那些甜美或酸甜的水果。虽然他们并不总会有收获，可一旦找到了，就会因食用这种美味而感到十分愉悦。于是他们学会了记忆。他们记住了这些果实的生长位置和成熟时间，以便在未来的日子里准时光顾那些宝地。后来，他们开始使用工具来搜寻新的食物。这些食物最终会转化为能量，但对他们而言，这类食物更为直接的回报是全新的风味。因此便有了"美味第一，需求次之"的论调，黑猩猩的行为支持了这一观点，它们会使用工具，或发挥其聪明才智，利用各种手段获得某些美食，但这些美食实际上并不含有多少营养。不过，不得不承认，这些食物的味道确实很棒。

想成为一个美食家，有时必须要有所取舍。在著名美食家布里亚-萨瓦兰笔下，"美食家也许是一种傻瓜，总是被无关紧要的东西勾起兴致"。我们可以稍微改写一下他的主张，即在生存方面，美食家可能确实是傻瓜。灵长类动物之所以进化出了甜味、咸味和鲜味受体，就是因为这些味觉受体通常会指引它们去摄入那些身体所需的元素。在使用工具寻找自己喜欢的味道和风味时，黑猩猩也成为美食家。换言之，它们以吃为乐。人类与黑猩猩的共同祖先同样如此。当美食家们用工具获得了一种既美味可口又能提供身体所需热量和营养的食物，费力的搜寻就有了丰厚的回报。这类工具的制造方法和使用技巧可能会代代相传，原因很简单，那些使用此类工具的个体将在生存繁衍上更具优势。当然，也有一些其他类型的工具，它们可能会带来更美味的食物，但却不一定能让个体摄入更丰富的营养或能量。例如，有些黑猩猩族群会在采食蚂蚁上耗费巨大精力。蚂蚁无疑是一道美味佳肴（证据是在全球各地，有许多人群会食用特定种类的蚂蚁）。由于这种方式所捕食到的蚂蚁只能为黑猩猩提供极少的营养，西田利贞认为"这种使用工具的行为在生物适应性方面的意义……尚不明确"[39]。

　　另一则证实"美食家是傻瓜"的案例与黑猩猩无关，这个故事的主角是大猩猩。在非洲有一种伯拉氏瘤药树，它的果实含有能够欺骗哺乳动物的甜味受体的植物蛋白。这种植物蛋白的甜度是蔗糖的一百倍，所以伯拉氏瘤药树只需要合成少量的植物蛋白，就能吸引哺乳动物前来进食。对于植物而言这是一种福音，因为它的资源投入大大减少。但这对动物来说可不是什么好消息，因为这种蛋白提供的热量很低，从哺乳动物的生存角度考虑，它的果实毫无价值。可是，哺乳动物并不知道这个甜味是"虚假宣传"，所以它们会年复一年地食用这些貌似香甜的红色果实，并帮助瘤药树把种子散播到四面八方。大猩猩是唯一没有上当的哺乳动物。杜克大学的科学家伊莱恩·格瓦拉（Elaine

Guevara）[1] 及其同事发现，所有大猩猩的甜味受体基因都发生了突变，使它们品尝不出伯拉氏瘤药树果实的甜味。伊莱恩·格瓦拉证实，这种突变一旦发生，就会在大猩猩族群内迅速传播，最终，所有大猩猩都携带有这种基因。为了实现快速传播，该基因版本必须在某个方面极具优势。其有益之处在于，拥有这种基因的个体不会在那些"华而不实"的水果上虚度光阴。但这种进化意味着大猩猩曾长期饱受这类水果的困扰，生存繁衍甚至受到了威胁。直到进化之后，大猩猩们才摆脱了美食的愚弄，不再被虚假的甜味牵着鼻子走。

在许多情况下，追寻风味的收益多少视情况而定。使用工具采食蜂蜜可能博得丰厚回报，但这场冒险也可能只留下满头大包。以黑猩猩为例，许多族群成员会把树棍捅入蜜蜂或无刺蜂[2]的蜂巢以蘸食蜂蜜，有时还会带出一些蜂蛹。这些蜂蜜比黑猩猩在森林中所能找到的任何水果都要香甜，蜂蛹更是口感嫩滑、味道咸鲜。蜂蜜能提供充足的卡路里，而蜂蛹则富含脂肪和蛋白质。大部分时候，美味的回报是丰富的营养。然而，有些时候，黑猩猩为获取蜂蜜所消耗的能量，似乎多于从蜂蜜中所汲取的。还有一种可能是，黑猩猩确实吃到了蜂蜜，获得了能量，但却牺

---

① 伊莱恩·格瓦拉，杜克大学进化人类学助理研究教授，主要研究灵长类动物的进化、遗传和衰老。

② 顾名思义，无刺蜂的腹部末端没有螫针。它们主要分布在热带地区，我国的云南、海南和台湾等地均有它们的身影。无刺蜂体长3~5毫米，比一般蜜蜂体形小，所以又名"蚁蜂"。

牲了其他营养物质的摄入——这也是我们现代人的通病。随着黑猩猩的栖息地不断收缩，研究者愈发频繁地观察到这种情况，乌干达的布林迪森林（Bulindi）①就是一个缩影。

目前，布林迪的黑猩猩族群困守于一撮由大型种植园和小型农场所包围的森林中。在这一环境下，黑猩猩必须在传统料理和全新食谱之间作出选择。最后，它们选择换个口味。黑猩猩开始闯入人类的地盘，尽情享用多汁的芒果与甜腻的菠萝蜜，然后腆着肚子心满意足地离开。[40] 尝到甜头后，它们又把爪子伸向种植园里的番石榴、木瓜、香蕉和百香果，甚至连可可果的那点果肉也不放过。[41] 与此同时，在布林迪森林附近的 Kasokwa 和 Kasongoire 社区，黑猩猩族群所生存的栖息地受到了更大冲击。它们游荡到栖息地的边缘，四面八方全是甘蔗种植园，一棵果树也没有。在一望无际的种植园中，黑猩猩发现，农民们经常将砍下的甘蔗堆放在田埂上。于是，它们每天会花好几个小时，坐在甘蔗堆上啃食这些轻微腐烂、略带甜味的甘蔗。10 鉴于它们的栖息地已遭破坏，这可能是这些黑猩猩所能获得的最具营养的食物。当然，它们可能也因美味而变"蠢"了。黑猩猩们会在暴怒的农民的眼皮子底下，连续数小时偷吃甘蔗，沉溺在糖分所带来

---

① 布林迪森林位于两个自然保护区之间，是乌干达人与黑猩猩冲突最为激烈的地区之一。当地法律鼓励毁林造田（此类农田均归私人所有，这给动物保护带来了极大困难），生存空间受限、食物短缺的黑猩猩开始盗取原本不在其食谱中的农作物，并因此和当地居民爆发了激烈的流血冲突。

的愉悦之中。它们能干出这种蠢事不外乎是因为觉得甘蔗味道甜美。对于这些黑猩猩来说，甘蔗已经算是绝世美味。

图 2.3 在乌干达的布东戈森林（Budongo）中，一只雌性黑猩猩正在尽情享用当地的一种无花果。灵长类动物学家（兼动物摄影师）里兰·萨姆尼（Liran Samuni）记录下她们目光交接的一瞬间。

我们认为，与现代黑猩猩一样，黑猩猩和人类的共同祖先也是美食家。他们将食物的美味程度视为寻找和选择食物的标准。随着栖息地的气候逐渐干燥，他们所能找到的食物也愈发淡而无味，因此发展出制造和使用各种各样新型工具的动力。靠着这些工具，他们的食谱上增添了酥脆的蚂蚁[11]、肥嫩的白蚁，以及蜂蜜和蜂蛹。他们还发现了其他获取美食的技巧，例如安抚蜜蜂后便能采集到更多蜂蜜。现代黑猩猩和以狩猎采集为生的土著人身上的一些迹象表明，我们的祖先也喜欢蜂蜜，且在获得大量蜂蜜时尤为愉悦。以英国罗汉普顿大学科莱特·布吕斯克（Colette Berbesque）[1]的研究为例，她采访了哈扎族的狩猎采集者[2]，询问他们的饮食喜好。她发现，哈扎人无论男女，都将蜂蜜视为无上美味，它比浆果香甜，比猴面包树的果实[3]可口，甚至比肉食还要美味。受访的哈扎人称，他们冒险采集蜂蜜就是贪图它味道甜美。这些现代狩猎采集者之所以食用蜂蜜，很明显是因为舌尖的愉悦，这是身体对他们摄入糖分的奖励，我们的祖先可能也出于同样的理由而嗜吃甜食。不过，人类学文献直到近年才悄悄收录了对这种可能性的探讨。因此，民族志学者在记录自己的发现和描述狩猎采集者食用所钟爱的食物时会带上几分讶异。例如，科莱特·布吕斯克写道："有意思的是，外出狩猎的哈扎人男性单位时间内带回的食物中，能量最高的是蜂蜜，其次是肉类、猴面包树果实、浆果，最后才是植物块茎。而这恰好和哈扎人的食物喜好顺序完全一致。这表明男性哈扎人可能会花更多的精力去获取最喜欢的食物。"[42]在书写这一段文字时，布吕斯克用词较为谨慎，她认为"可能"，仅仅是"可能"，哈扎族的狩猎采集者是

---

① 科莱特·布吕斯克，人类学家，在罗汉普顿大学担任讲师，主要研究人类生态学和古人类饮食的进化。

② 哈扎人生活在东非大裂谷的埃西亚湖湖畔，是非洲为数不多的纯靠狩猎和采集为生的部落之一。

③ 原产自非洲的猴面包树约有20米高，直径却可达5米，因其造型又得名"瓶状树"。其叶子可食用，树皮能入药。长约30厘米的果实则富含维生素和胶质，是猴子和狒狒的最爱，被誉为"天然面包"，拯救了无数非洲饥民的生命。

因为美味才选择了他们的食物。而布吕斯克的同事们并不认同这一观点。

图2.4 蜜蜂正在酿造蜂蜜。它们会一步步地浓缩花蜜。首先，它们在口器中来回摆弄花蜜，制造小气泡以蒸发掉一些水分。接着，如图所示，它们把花蜜涂抹在巢室内，扇动翅膀，加快水分蒸发。此外，蜜蜂还在花蜜中混入了含有转化酶的唾液。这是因为花蜜中主要的糖分是蜜蜂无法消化吸收的蔗糖，而在浓度升高时，蔗糖很容易饱和并析出方糖般的结晶（这对蜜蜂而言毫无价值）。蔗糖（双糖）可以分解成较小的单糖，即葡萄糖和果糖，而这才是蜜蜂想要的。欧洲蜜蜂头部蜜囊内的一种转化酶可以实现这种生物化学反应。蜜蜂将这种酶加入浓缩的花蜜中，把大部分蔗糖分解成葡萄糖和果糖，以进一步浓缩蜂蜜，而这时的蜂蜜实际上已经是自然界中浓度最高的糖类物质。由于糖分浓度过高，任何试图以蜂蜜为食的细菌都会死于脱水——当外界溶液浓度高于细胞内部浓度时，细胞会试图平衡内外的浓度，这将导致细胞失去水分，逐渐萎缩。

切割、捶打、发酵和烹饪等料理方式也能改善食物的风味，特别是口感。口感是风味的一个关键组成部分，它可以是丝滑的、粗粝的、弹牙的或是爽滑的，也可以是有嚼劲的或筋道的。据尝试过的人说，未经加工的疣猪肉、兔肉，乃至大象肉都"味道不错"（他们在回忆时却总是面色古怪），只是口感不佳。这些生肉柔韧多筋，咀嚼起来很费劲，而且还难以下咽〔灵长类行为生态学家亚尔马·屈尔（Hjalmar Kuehl）[1]指出，对于缺失牙齿的老年动物而言，这一问题尤为严重〕。哈罗德·麦吉（Harold McGee）[2]在《食物与厨艺》（*On Food and Cooking*）一书中表示，生肉里有一种"滑腻、耐嚼的糊状物"。麦吉认为，在咀嚼大块的生肉时，我们的牙齿很难切断这些畜肉，只会让它们更加紧实。那种滑腻的口感着实有些令人作呕。美食作家林相如和廖翠凤在《中华美食录》（*Chinese Gastronomy*）[3]中的表述更为直截了当："鱼肉生食，淡而无味；鸡肉生食，口内有铁腥气；牛肉生食，滋味不错，可惜血腥味过重。"[43]那些生吃过植物根茎的人，也发出过类似的抱怨。想象一下生吃土豆或木薯的感觉。我的脑海中顿时浮现出许多词汇来描述这种体验，但它们没有一个与"美味"二字沾边。不过，也有一些植物根茎是例外，比如胡

---

① 亚尔马·屈尔，德国马克斯·普朗克进化人类学研究所的灵长类动物学家。
② 哈罗德·麦吉，世界知名美食作家，食物化学和烹饪的权威人士。
③ 《中华美食录》由林语堂之妻廖翠凤和他们的三女儿林相如合著，林语堂亲自为其撰写了前言。这本书向英语世界的读者介绍了中国烹饪艺术的历史和发展，以及适用于现代西式厨房的中国菜谱。

萝卜和小红萝卜，但那些只是特例，并不具有普遍意义。

经粉碎、切割、发酵或烹饪后，植物根茎会变得更容易咀嚼，口感更佳。生肉也是如此。此外，我们的祖先会将猎物切割分解成许多小块，某些位置的肉要比其他部位更适合生吃。通过切割、烹饪和发酵，人类可以将动物柔嫩的部位切片生食，如腹部，把坚硬难啃的地方烧熟煮透，至于其他位置的肉，还可以进行发酵处理。我们的祖先掌握了粉碎、切割、发酵和烹饪的技术后，就能（也会）利用这些技术来对付不同的食物。在清醒时，黑猩猩有40%或更多的时间都在咀嚼食物。从水果到树叶，从昆虫到鲜肉，它们总是嚼个不停，一些族群成员的食谱上甚至还有相当难嚼的植物根茎。相比之下，据估计，人类祖先掌握烹饪技术后，每天需要花在咀嚼上的时间缩短了许多，可能只占白昼时长的10%（你我平均每天大约有4.7%的时间在咀嚼食物）。咀嚼时间的减少，使我们的祖先拥有了更多的时间和精力，他们可以去创造全新的工具、寻觅风险更高的食物（这类食物十分美味，但也容易让人空手而归）、照顾孩子、制作艺术品或发明一些笑话。[44]原始时代的加工食品本身就口感极佳，使得人类祖先有了更多时间，去享受口腹之欲以外的其他乐趣。粉碎和切割食物主要的直接优点就在于口感和这些其他乐趣。

同时，那些酷爱生蚝滋味的人很容易就能想到，可以用工具更高效地享用水生有壳动物的风味。用工具撬开甲壳，质地弹滑的贝肉和蟹肉让人不由食指大动。比起人类祖先在森林里所能获得的绝大多数食物，这些水生有壳动物不但滋味更为鲜美，还易于咀嚼吞咽。贻贝，尤其是嫩贻贝，几乎不用咀嚼，入口即化。美食家布里亚-萨瓦兰对法国大餐和牡蛎的描述，可能同样适用于揭开人类祖先和贻贝的不解之缘：

> 忆往昔，凡是重大宴会，我记得无不以牡蛎开席。许多老饕会毫不犹豫地一口气来上一罗（即12打，144只）牡蛎。

在现已发现的几个相对早期的古人类遗址中，研究人员找到了许多贝壳，这表明我们的祖先似乎已经开始食用贻贝。到目前为止，我们尚不清楚这几堆贻贝残骸背后的真相：人类祖先究竟是偶尔吃上一顿贻贝，持续多年才积攒了这么多贝壳，还是经常大量食用呢？不过，用布里亚-萨瓦兰的话来说，至少一部分人类祖先可能是"满腹贻贝"。

烹饪和发酵不仅改变了食物的口感，还提升了它们的味道与香气。经过发酵或烹饪，肉类或植物根茎中的游离谷氨酸含量会急剧增加，从而产生鲜味。此外，肉类的香味也会在发酵或烹饪后变得更加复杂，而这种香味的复杂性能让我们本能地感到愉悦，我将在下一章就此展开详细论述。与肉类相似，煮熟后，植物根茎内的复杂碳水化合物会分解，分解出的一些单糖逐渐焦糖化。红薯勉强可以生食。只有经炭火烘烤后，外酥里嫩、甜香扑鼻的红薯，才是值得向朋友推荐的美食。

　　现代猿类似乎和现代人类一样偏爱熟食。在烹饪后的蔬菜和未加工的蔬菜之间，动物园中的黑猩猩和大猩猩都会选择前者。黑猩猩也会选择熟肉而非生肉（大猩猩基本上算是素食主义者 [①]）。[45] 所有迹象都表明，黑猩猩和大猩猩是因为喜欢熟食的风味而作出了这种选择。连黑猩猩自己也是这么"说"的。灵长类行为学家理查德·兰厄姆讲述过一个颇有说服力的实验，实验对象是一只会手语的大猩猩 Koko[②]。领养这只大猩猩的心理学家彭妮·帕特森曾经问 Koko，它是喜欢她左手端着的熟蔬菜，还是右手拿着的生蔬菜。Koko 碰了碰帕特森的左手。当被问及作出这一选择是因为煮熟的蔬菜"更容易吃"还是"味道更好"时，Koko 的反应就和人类祖先可能作出的反应一样——"味道更好"。目前，还没有人研究过那些杂食的猿类（比如黑猩猩和倭黑猩猩）是否会偏爱发酵的而非生的食物（含酒精的发酵食物除外，因为研究者很难区分它们究竟是因为风味而陶醉还是单纯的醉酒）。

　　回到古人类这边。我们怀疑，早期的古人类就是在美食的

[①] 大猩猩的食谱上有200多种植物的嫩叶、树皮和果实，它们80%的口粮是树叶，除偶尔用新鲜的鸟蛋、爆浆的蛴螬打牙祭外，几乎不吃肉食。

[②] 大猩猩Koko，出生在美国旧金山动物园的动物明星，自幼被动物行为学家和心理学家彭妮·帕特森（Penny Patterson）领养，掌握了2000多个美式手语，能与访客进行基本交流。

诱惑下不断开动脑筋，寻觅全新的食材，研究各种料理手段。当然，大多数美食的营养也很丰富。

我们的祖先在迁徙过程中，学会了运用越来越发达的大脑去追寻各种味道和风味，并在这一过程中获得了身体急需的营养物质。他们变得越来越善于追寻美食，人类消化系统中负责处理食物的部位也开始向各个方向进化，或者说退化。粗大的牙齿和强力的颌骨有利于撕扯和磨碎食物，但人类的牙齿和咀嚼肌却在变小、变弱。大肠有助于将复杂的化合物分解成容易吸收的营养，也就是说，大肠也负责处理食物；但人类的大肠却在越缩越短。这些实际上都是退化，而人体之所以发生退化，是因为我们的生存已经不再像以往那般依赖这些身体部位。洞穴鱼的祖先在黑暗中经过了漫长的演化后，抛弃了无用的双眼。人类的祖先在追寻美食的过程中，获得了富含能量或经过加工的食物，长时间食用这类食物后，消化道、牙齿与颌骨失去了原有的一些特质。对于这些人体部位，自然选择的作用不再那么强大。不过它在某种程度上确实发挥了作用。自然选择对这些部位进行了筛选，减少了在长出和维护它们方面投入的能量，而将省下的能量用于促进大脑发育，使之不断成长。

大约 150 万年前，古人类开始了将延续一代又一代的迁徙，他们横跨非洲，前往亚洲和欧洲。我们尚不清楚迁徙的原因。不过，我们作出了一系列假设，其中一条就是古人类对食物（与风味）的追寻。我们的祖先从食物匮乏或不够美味的地区，迁移到了食物充足或美味的地区。他们翻山越岭，足迹遍布半个地球。他们带着一种以口腹之欲为先的冒险精神，即阿肯色州立大学的古人类学者皮特·昂加尔（Peter Ungar）①教授所说的对"饮食多样性"的追寻，去迎接这一过程中的各种挑战。[46] 使用威廉·华兹华斯（William Wordsworth）②的诗句也很应景，"无家可归者的四周却是千家万户"。我们的祖先立在那里，四周是上千堆传来肉香的篝火，他们"渴望美食"。人类祖先追寻着美食四处游荡，就这样逐渐分化成六种或更多不同的人种或谱系，其中一些选择驻留在特定地区。每一个谱系都掌握着制作工具的必备知识，无论身在何方，都可以就地取材打造出一整套厨具，就像现代厨师会从身上摸出几把菜刀，掏出一整套的厨具，或者至少能就哪些料理手段会使食物美味可口侃侃而谈一样。近年来，旧石器时代的原始人饮食甚至变成了一种流行时尚③。但若想要完全复刻原始人饮食，将不可避免地遭遇一个相对核心的问题，那就是原始人的饮食并无规律，他们会走到哪里，吃到哪里。比如，今天在水边扎营，那就捞一点贝壳虾蟹，明天在野地里生火，就煮

---

① 皮特·昂加尔，美国阿肯色州立大学的著名生物学学者，主要研究灵长类牙齿结构和功能的进化。

② 威廉·华兹华斯（1770—1850），英国浪漫主义诗人。此处的诗句引用自长诗《内疚与悲伤》（*Guilt and Sorrow*），原诗句为"And homeless near a thousand homes I stood. And near a thousand tables pined and wanted food"。

③ 你可能没听说过"原始人饮食"，但在近几年，它的"亲戚"——"生酮饮食"——倒是名声大噪。它们都是低碳水饮食法，即少吃淀粉类主食（碳水），多吃肉类（脂肪和蛋白质）和蔬菜。

上一锅骨头汤，吮吸骨髓和软脂。[47]

　　不同古代人种之间的差异随着石器时代的发展不断扩大。与现代黑猩猩族群一样，不同的古代人种之间，有着各自不同的料理传统和特色美食。但是，相比现代黑猩猩，他们在料理传统上的差异会更加明显，这没有别的原因，只是因为古人类的地理分布范围实在太过广泛，从热带雨林到苔原冻土，从刚果盆地到远古时期的欧洲大陆①，到处都有他们的身影。到达陌生的栖息地后，古人类大多通过寻找新的生存和饮食方式，来适应生存环境。当然，其间也有基因进化的功劳。在文化交流和遗传进化的协同作用下，尼安德特人、丹尼索瓦人和早期智人（我们的祖先）②在人类进化之树上派生出了许多分支。不过，值得注意的是，这些人种的味觉受体仍然非常相似。通过直接对比基因，古人类学家得到了这一发现。根据从牙齿和骨骼化石中提取的远古DNA，研究者发现，尼安德特人、丹尼索瓦人和我们智人的甜味受体和鲜味受体几乎完全相同，而彼此之间的苦味受体则有所

---

① 刚果盆地是世界上最大的盆地，位于非洲中西部，拥有仅次于亚马孙河盆地的全球第二大热带雨林。远古时期的欧洲大陆则是冰雪皑皑，尼安德特人就生活在冰川线之下相对较适合人居的地方。

② 尼安德特人和丹尼索瓦人是与智人（我们）亲缘关系最近的，业已灭绝的古人类，且与智人发生过基因交流。尼安德特人的祖先是欧洲海德堡人，智人的祖先为非洲海德堡人。智人从尼安德特人那里获得了适应寒冷环境的基因，因而得以在远古时期的欧洲生存繁衍，并最终淘汰了尼安德特人。丹尼索瓦人与尼安德特人有共同的祖先，他们生活在东北亚，生存空间被智人压缩后，前往青藏高原和西伯利亚。藏族人就带有丹尼索瓦人少量的基因片段，这使得他们大多天生能够适应高原环境。

差别。不过，各类人种的苦味受体失效方式仅仅略有不同。有学者认为，苦味受体之所以失效，是因为我们的祖先已经找到了对一些危险美食进行无害化处理的方法。[48]

这些较晚出现的人种在身体形态和地理分布上各不相同，但在尝试全新食物和料理方法时，都认识到有些味道令人愉悦，有些只会让人感到乏味，也学到了哪些味道意味着食物安全，哪些味道代表它有毒有害。他们反复尝试各种食材。在这一过程中，舌头的作用不容忽视，因为味道是认识世界的起点，而舌头能告诉他们什么是苦涩的，什么是甜美的。舌头也不是在孤军奋战，鼻子同样是一位优秀的向导。人类一旦学会了加工食物，就急需一种方法来记住哪些料理方法是安全的，哪些是危险的（通常伴随着惨痛教训）。人类还需要记住那些尝起来似乎有毒实际上却无害的食物，遇到这种情况，就是嗅觉大展身手的时候。古人类可没有图书馆，除了口口相传的部落历史外，没有任何能够记录、传授前人经验的方法。在从人类的起源到8000年前这么长的一段时间里，情况都是如此。在这段漫长的岁月中，我们的祖先极大程度地依赖嗅觉。在这一点上，他们并不孤单。狗、猪和老鼠都很依赖嗅觉。但人类也是不同的，在利用嗅觉方面，我们另辟蹊径。凭借嗅觉，人类将风味按美味到致命进行分类排序，并据此作出相应的反应。一个简单明了的实例就是松露，它的气味非常独特，却是当代最受追捧的美食之一。[12]

第三章

闻香识风味

亚当或是夏娃……哪位能对一只香喷喷的松露烤火鸡说不呢？可惜啊，在你们的尘世天堂里没有厨师，更没有出色的甜点师！这多么可悲！

——布里亚–萨瓦兰

《厨房里的哲学家》

　　花蜜的香气可以吸引蜜蜂，腐尸的臭味则会招来秃鹰……嗅觉强大的猎狗能够头前带路，领着猎人摸向那些偶蹄动物所在的位置。

——卢克莱修

《物性论》

　　我们终于要拾起之前有意忽略的"风味"概念的拼图碎片：香气。我们原先将香气排除在外，并非因为它们不重要，反而是因为它们太过重要，需要放在单独一章中详细讨论。用美食家布里亚-萨瓦兰的话说，"嗅觉的缺席会让品尝美食的体验不完整"。对于人类而言，尤为如此。正是因为人类的嗅觉有独到之处，我们进化过程中的一些主要转折点才变得特别清晰，其中就包括对火焰的掌握。

相比味觉，嗅觉更加复杂精细，也会激起更强烈的反应，且不同物种的嗅觉各异。这种差异的其中一个要素与嗅觉灵敏度有关。各个物种的嗅觉阈值①不同，但除此之外，嗅觉差异还与口腔和鼻腔、气味和风味的关系有关。认识这些区别，有助于了解嗅觉对人类的独特作用。我们可以借助某些时至今日还无法人工培育，只能在野外寻觅的食材发现这些区别，比如松露。曾经，人类祖先的所有食物全靠觅食得来。松露能让人记起那个时代和那时的生活方式。在松露的产地[1]，松露象征着野生和美味，是不容错过的美食。在法国，失落之物的守护神圣安东尼也是松露的守护神，祂会指引人们找到丢失的钥匙或地下的松露。当然，想要采集后者，更好的选择不是祈祷，而是训练一条猎犬或是养一头猪当助手。

这些动物通过不同方式感知松露的存在。猪与生俱来便会被松露的香气吸引。猎犬则需要经过后天训练，才会为这种气味所吸引。对人类而言，上述两种情况均存在，这主要取决于松露入

---

① 嗅觉阈值主要有检知阈值和确认阈值。前者指能闻到气味时的最低气味物质浓度，后者指能识别出是何种气味的最低气味物质浓度。

口后的香气。

在人类、猪、猎犬与松露之间，有着古老的历史渊源。早在一千年甚至更久以前，法国人就开始在森林里利用猪来寻找松露。即使松露深埋在地下约30厘米的位置，猪也能闻到并拱出它。借助动物感官与人类感官的差异，我们得以利用动物去搜寻自己无法找到的东西。在这则人与猪的故事中，还有一个不容忽视的因素，那就是猪天生就对松露情有独钟，而这实际上是一种生物化学物质在悄悄作祟。

图 3.1　猪，你的鼻子有两个孔……

"松露"是一种蕈类的总称，由多种子囊菌门西洋松露科西洋松露属的真菌生长而成，大多附着于特定树种的根部。松露块菌通常与山毛榉、桦树、榛树、鹅耳枥和橡树等树种伴生。通过生物化学的原始语言，真菌与树根交换生物信号，建立了分子层面的关系。这种古老而亲密的关系经历了数百万年的不断演化。[49] 树根相对较粗，因此很难从古老的岩质土壤缝隙深处汲取营养物质。而真菌的根状菌丝则纤细得多，因此可以进入树根无法触及的地方吸收水分和营养物质。这些菌丝的分布极为密集。每立方厘米土壤中的真菌菌丝长度之和可能达到 100 米。借助这个巨大的菌丝网络，真菌帮助树木收集养分，作为交换，树木供给真菌一些碳水化合物 ①。

树木和松露互利互惠，研究者猜测，最早的陆地植物可能正是同真菌建立了相似的关系，才得以逐步占领所有未被冰川覆盖的土地。②[50] 许多真菌都与树根达成了伴生关系，而形成松露的真菌在其中尤为出色。除了为与之合作的树木提供营养，这类真菌还会在土壤中释放能够杀死其他植物的化学物质，从而帮助它们的搭档消灭潜在的竞争对手。长有松露的树木周围因而出现了一圈焦土一般的褐色区域，法国的"松露猎人"称其为 brûlé，意为"灼痕"。[51] 不过，这都还不是松露真菌的真正底牌，它们

---

① 身处地下的松露无法自己进行光合作用以制造其生长所需的碳水化合物，所以会为寄主植物提供磷和氮等矿物质营养，以换取自身所需的碳水化合物。

② 最早的植物–真菌结合的化石证据是4.07亿年前的苏格兰莱尼燧石。和现在冲上海滩的藻类一样，陆地植物的祖先可能也是被迫来到了陆地。一部分选择原地趴好，固守湿润的滩涂，成为个头低矮，对环境要求较高的苔藓植物；另一部分则更加贪心大胆，它们渴望更多的阳光和广阔的地盘，于是向高处生长，为了减少水分散失和解决养料输送问题，进化为维管植物类群，并逐步占领了陆地（当时的陆地部分处于冰盖之下）。化石证据表明，双方都得到了真菌的辅助，得以从严酷的原始土壤中获取养分。

已经进化出一种独门手段，能够帮助其孢子移居到新的树苗上（在真菌定居之前，这些树苗会缓慢生长，甚至完全停止生长）。

松露生长于地下，由菌丝慢慢发育成子囊果[①]。它是不同性别的真菌经邂逅而诞生的爱情结晶。松露就像一个疙里疙瘩的土制大脑，表面散布着疣状物，切面带有大理石纹埋。它不像大多数菌菇那样柔软，反而质地较为坚硬，小者如花生，大者似苹果，一般来说，能找到胡桃大小的松露就已经算得上是幸运女神在朝你微笑了。松露的孢子就藏在"大脑"褶皱内和褶皱之间的组织中。和其他菌类一样，松露也需要某种方法来让它的孢子到达尽可能遥远且适合生长的地方——这个位置最好足够远，以免与本体争夺资源。大多数蘑菇选择用孢子吸引动物进食，在这一过程中，孢子会粘在动物身上，随后由它们带往四面八方。生长在地下给松露的繁衍带来了不小的挑战。为应对这一挑战，松露只能强化自己的香气，就如梅林·谢德瑞克（Merlin Sheldrake）在《真菌微宇宙》（*Entangled Life*）[②]一书中描述的那样："其气味之强烈，足以穿透土层，散入空气当中；其气味之独特，足以让它从众多气味中脱颖而出，立刻为动物所察觉；其气味之诱人，

---

① 子囊果即"果实体"，由已组织化了的菌丝体组成，是高等真菌的产孢构造。通俗来讲，就是食用菌、药用菌的可食用、可入药的部分。松露块菌属于子囊菌（与冬虫夏草、羊肚菌相同），所以果实体又叫"子囊果"。

② 梅林·谢德瑞克，生物学家和科学作家，擅长将复杂概念编写成简单易懂的趣味读物。他的初试啼声之作《真菌微宇宙》深入浅出地向读者展现了一个真菌构成的隐秘王国，大获成功，博得了各界盛赞。

足以让动物放弃思考，一心将它找到、挖出、吞掉。"

许多种真菌的子囊果都叫"松露"。它们各有独门方法来酝酿那浓烈、独特、诱人的混合香气，之所以会有不同，是因为每种松露都针对性地进化出了专门吸引特定动物的气味。以人类最爱的松露为例，它原本的吸引对象是发情的母猪，并且成效显著。猪对松露气味的反应似乎——或至少在一定程度上——铭刻在了基因之中，哪怕是头对情爱一无所知的天真小猪，也会喜欢上松露的气味。猪的鼻子能捕捉到松露的气味。一旦到了鼻腔，气味分子就会接触到嗅觉受体。嗅觉受体末端有许多纤毛，像海葵触手一样四处摆动，只不过海葵是在依靠触手筛取海水中的营养物质，而这些纤毛则是在捕捉吸入鼻腔内的挥发性化学物质。每个嗅觉受体只会与一个或多个特定的气味分子以钥匙和锁的方式精准配对。钥匙一旦"插入"，嗅觉受体就会触发嗅球中的神经细胞，将信息传给大脑，形成嗅觉。

有极少数的气味会唤起哺乳动物根植于大脑中的先天性恐惧（和厌恶）或愉悦。例如，一些捕食者的气味会让老鼠瑟瑟发抖。在捕食者进入林地之前，所有老鼠的嗅觉受体就已经捕捉到了捕食者的气味，并向大脑发出信号："跑起来，躲起来，藏着别动！好可怕！快跑！"即使是世世代代生活在实验室中，从未见过任何犬科动物的新生小白鼠，也会因为闻到了 TMT[①] 这种多

[①] 2，5-二氢-2，4，5-三甲基噻唑啉（2,5-dihydro-2,4,5-trimethylthiazoline），简称TMT。

存在于狐狸和狼的排泄物中的化学物质，而表现得极度恐慌。[52]
另一种具有类似效果的化学物质存在于猫的唾液中，猫在舔毛时
会在皮毛上沾上这种气味。与老鼠对捕食者的气味避之不及相
似，许多动物似乎也会本能地远离腐胺和尸胺，因为这两种化学
物质的气味就是脊椎动物尸体腐烂后散发的恶臭。这种反应似乎
既涉及"厌恶"这个有意识的情感成分，也包括无意识的行为变
化。例如，在实验中，接触过腐胺的人会更加警觉。即使他们不
知道自己接触过腐胺，也会表现得坐立不安。生物学家推测，腐
胺的气味会让动物变得警惕，这可能有助于动物预知危险的来
临。当闻到这种气味时，我们的大脑会发出警报："周围很不对
劲，我们应该抬头瞥上一眼，接着赶紧转身离开。"

那些能让人本能地感到不快甚至恐惧的气味，通常代表着危
险。而那些让人由衷地感到愉悦的气味，一般与交配有关。出于
显而易见的原因，对动物来说，本能地为异性的性信息素而感到
愉悦是件好事。例如，雌性亚洲象会通过尿液释放一种费洛蒙，
以向雄性示意它们准备好交配了。公象对这种性感的气味欲罢不
能。雄性山羊头上的毛发会散发出一种气味（最后连肉里都有这
种气味），雌性山羊在闻到后就会开始排卵。[53] 野猪也是如此。
雄性野猪的睾丸会分泌出雄甾烯醇和雄甾烯酮。雄甾烯醇闻起
来有种霉味（至少人类闻到的是霉味），雄甾烯酮则有股"尿骚
味"。在野猪体内，这两种化学物质从睾丸出发，一路汇聚到某
个特殊的唾液腺。当雄性野猪情欲高涨时，该腺体内的化学物质

就会流入它的口腔内，与唾液充分混合。接着，它就会疯狂地开合嘴巴，摇头晃脑，哼哼唧唧。一切准备就绪，它开始朝着雌性野猪搔首弄姿。雌性野猪会本能地为雄性那充满欲望的体态和泡沫状唾液的气味心动，并摆好交配的姿势。[54] 当然，并非所有使动物本能地感到愉悦的气味都与交配有关。以含有尸胺的"腐尸花"为例，顾名思义，其气味与尸臭相似，能吸引秃鹫、食腐甲虫和整个动物园区的苍蝇，这个气味会让它们感到愉悦。所以说，一个物种闻之欲呕的气味，可能会让另一物种为之沉醉。而在同一物种中，不同个体所厌恶的气味基本相同。

松露散发的化学香气能引来有助于其散播孢子的哺乳动物。松露的气味中包括雄甾烯醇，这是使得母猪摆出交配姿势的两种类固醇化合物之一。它还含有二甲基二硫醚，闻起来像是有些腐败的卷心菜。单单是二甲基二硫醚，就足以吸引猪来食用松露，它对松露而言的另一个优点是投入资源少，只需极低的浓度，就能将猪引来。[55] 想象一下：一头母猪在嗅到卷心菜腐败的臭味（二甲基二硫醚）后胃口大开；它循着气味前进，却又越来越多地闻到了性感公猪（雄甾烯醇）的气息；最后，它停在了松露的上方，开始拱地。我们无法确定，母猪在找到松露时，脑子里想的是交配还是食物，还是介于两者之间的复杂情感。我们只知道这头猪表现得十分愉悦。

今天，更多的松露猎人放弃了猪，而选择指挥猎犬来搜寻松露。但猎犬并不是天生就喜欢松露的气味，它们必须经过训练才能掌握搜寻松露的技能。使用猎犬的优点在于，如果猎犬找到了松露，那么猎人只需给它一点奖励，这可比从一头贪吃且"性奋"的母猪口中夺食要容易得多。

我们一家人曾去往多尔多涅寻找松露。多尔多涅地区坐落在法国西南部，位于波尔多市以东，图卢兹市以北。当然，真正的搜寻工作都交给了松露猎犬，我们只需跟着它就好。据说，世界上最好的松露就生长在多尔多涅地区（意大利人可能会提出反对意见，认为它们显然生长在意大利北部）。不过，和孩子们不同，我和罗布的目标并不是松露，而是该地区密布的尼安德特人与智人待过的洞穴。在不晚于 20 万年前，第一批尼安德特人就已经在多尔多涅地区繁衍生息。我们这类由古人类的某支后裔进化而来的智人则是在大约 4 万年前，穿越中东地区，稍晚一些到达此处。[56] 至于我们一家子，则是在 2018 年才踏上了这块土地。

在多尔多涅地区，尼安德特人的人口密度向来不高。不过他们在这一地区生活了很长时间（可能超过 40 万年），所以这里的地下满是他们的骨骼和工具。不过，该地区更加随处而见的是早期智人的骨骼化石和所用石器。在 3 万年前，法国的智人数量在巅峰时期可能是尼安德特人的 10 倍。[57] 后来，一些智人开始创造艺术，并取得了非凡的成果。多尔多涅地区的古人类洞穴壁画就好比史前的卢浮宫，充满了手印、指纹、符号、玄奇的人形，以及明明静止却又仿佛是动态的猛犸象、披毛犀和马的图案。就像猪痴迷于松露一样，我们俩也被这门艺术深深吸引。深入洞穴，欣赏着这些数万年前的艺术家们雕刻、勾勒和喷涂在岩壁上的艺术作品，我们不自觉地为之感动。我和罗布来到多尔多涅，其实就是想见识一下这种艺术。正如其他人可能会说的那样，我们是为了化石和壁画艺术而来，但让我们留在这里的，却是当地的美酒佳肴。也有可能他们并没有这么说，但我们就是这么做的。我们碰巧与安纳奥德夫妇（Edouard and Carole Aynaud）[①]住在同一个小村庄里，他们在环游世界之后，决定在退休生活中一边研究人工培育松露，一边享受搜寻松露的乐趣。

那是一个阳光明媚的周日，罗布和我带着孩子们一早便前往安纳奥德夫妇屋后的果园。在这里，十来位松露猎人正整装待发。打头阵的是爱德华和他的松露猎犬，其他人和我们一起紧随其后。那是一条训练有素的松露猎犬。爱德华带着它在果园中逛了一圈，任由它在各个角落闻来闻去。出发前，爱德华就明确表示我们此行可能一无所获，因为时节尚早，松露尚未完全成熟，猎犬可能闻不出它的气味。但那并不重要。即使空手而归，这段旅程也将充满欢乐。罗布职业生涯中大部分时间都在森林中寻找珍稀物种。他的目标既有能像牛仔一样骑在蚂蚁背上的甲虫[②]，也

---

① 爱德华·安纳奥德，农学家、生物学家和教师，是家族的第二代松露培育者，也是一位出色的松露猎人。他和妻子会带着自家训练的边牧，找寻橡树和榛树下的松露。

② 指一些蚁栖类昆虫，这些在形态、动作甚至气味上假扮蚂蚁的骗术大师会在蚂蚁窝里蹭吃蹭喝，享受着蚁群的保护。

有可以把花蜜酿成啤酒的稀有蜜蜂，所以大多数时候，他都是两手空空地回来。唾手可得的猎物只会让人觉得索然无味，苦涩的失败会让成功的果实变得更加甘美。至少他是这么安慰我的。他那旧石器时代的祖先外出捕猎无功而返时，可能也是这么和另一半狡辩的吧（呐，今天不宜杀生，不如来欣赏一下我为你创作的洞穴壁画吧）。

我们与猎犬寻觅松露的地方离前一天探索的那个小岩洞只有几千米远。几十万年来，不同的人种在这片土地上游荡，寻觅喜爱的食物。距今两万年左右的人们和此时的我们一样，有猎犬作为帮手。从这里往东 400 千米就是肖维岩洞[①]，在那里，人们发现了 26 000 年前的脚印。足迹的主人是一个 8~10 岁的男孩与他的小狗或小狼。这些足迹尚未得到充分研究，但它们显示了狼和人这两个物种之间的古老联系。双方合作后能一起看到、闻到、尝到的事物，比他们分开行动时要多得多。像那个男孩一样，我们的脚印与松露猎犬的爪印交错在一起。当跟在松露猎犬后面时，我们想象着当接近松露时，我们可能会闻到一些气味，一丝猎犬才能闻到的气味。然而，在树丛中，我们没有闻到一丁点儿松露的气味。我们深深地吸气，想竭力抓住那种感觉。空气中有植被腐烂的霉味，有枝头绿叶的清新，还有一缕从山谷下飘来的

---

① 肖维岩洞，法国南部阿尔代什省的一个洞穴，因洞壁上拥有丰富的史前绘画而闻名。肖维（Chauvet）之名取自发现者之一的姓氏。

牛群的气味，但就是闻不到松露。这时，那条猎犬停了下来，就在我们什么也没闻到的地方开始刨土。就这样，一块松露在它的脚下露头了。爱德华·安纳奥德制止了猎犬的进一步动作，让我的儿子将铲子插入土中，小心地把松露挖出来。终于，一颗品相完美、黑不溜秋、形态饱满的松露出现在我们眼前。我们弯下腰凑近它，这才闻到了松露的气味。

　　我们没来得及用照片记录这一瞬间，不过想来，它原本应该是这副模样：一条猎犬在撕咬肉块，这是主人对它找到松露的奖励；在它四周，十几个人正弯下腰来，撅着屁股，低头用力嗅着男孩手中的松露。这幅静物画充分展现了气味吸引力的复杂性。当天晚些时候，我们分享了一块松露。它可能是我们所找到的那块，也可能不是（这是带人寻觅和出售松露的生意微妙的艺术）。我们把它磨碎，撒在拌着橄榄油的意面上。一家人吃得津津有味，与猪或是猎犬找到松露时的快乐相比，我们的这种愉悦是一种完全不同的感受。

　　猪与生俱来就能在头脑中将松露的气味与愉悦感绑定在一起，而狗则似乎没有这种脑回路。如果放任狗自行觅食，它们绝不会去挖松露吃。狼和其他犬科动物的食谱上似乎也没有这玩意儿。狗能闻到地下存在松露，却对它提不起食欲。所以，它需要通过训练才能成为一条松露猎犬。它们得学会将找到松露与得到奖励联系起来，比如在认真寻找后，能吃上一块美味的狗饼干。而我们人类对松露气味的体验与前两者均不相同。虽然猪与狗对松露的认知存在差异，但它们都是靠鼻孔吸入远处松露气味的。这种体验叫作"鼻前"（orthonasal，其中 ortho 意为"前面"，nasal 指"鼻子的"）嗅觉。而人类对松露气味的体验既有鼻前嗅觉，也包括"鼻后"（retronasal）嗅觉，而且后者的作用更加明显，它指的是进食后，口腔中的气味分子到达鼻腔"后方"（retro）时所感受到的气味。

　　想要解释为什么狗、猪和人之间会存在这种体验松露气味的差异，我们需要花点时间去了解嗅觉的进化历程。最早进化出鼻子的脊椎动物，是一种类似于今天的七鳃鳗①（沿海和淡水中均存在的一种外形酷似鳗鱼，口若吸盘的物种）的远古鱼类。它只有一个封闭的袋状鼻子，内部的表面附着了一层延伸在摇摆的肉柄上的嗅觉受体。这种古老物种只拥有为数不多的几种嗅觉受体，因此所能分辨出的味道很少（不用"气味"一词，因为这些是海水中漂动的味道，而非空气中飘散的味道）。而这个简陋的嗅觉系统却是所有其他脊椎动物鼻子的原型。随着时间的推移，这种生物的后代向现代鱼类转变，进化出了真正意义上的鼻孔（我们鼻孔的始祖，属于外鼻孔，不能呼吸）。接着又有了第二个孔，这使得水流可以从第一个鼻孔进入鼻子，流经嗅囊，再从第二个鼻孔流出。鱼类在游动时会形成快速水流，该嗅觉系统捕捉味道

---

① 七鳃鳗不属于鱼类，而是圆口纲、七鳃鳗目的一种古老动物。

的效率更高，并且这些味道还会实时更新（这与其祖先的袋状鼻子相反，后者闻到味道时，可能已经错失良机）。随着鼻子进化得愈发复杂，产生不同嗅觉受体的基因也变得更为多样化。[58] 每一组新的基因都会产生一个新的嗅觉受体，使得鼻子能够检测出更多种类的化学物质。当第一批登上陆地的脊椎动物拖着肥大的肚腩，摆动着尾巴爬行时，它们已经能闻出数百种不同的单一气味了。而最早的哺乳动物（某种小型、长吻的駒鼩类动物）则可以嗅到数千种单一的芳香化合物和更多的混合气味。[59]

所有物种都在不断进化，但有些东西却还是老样子，其中就包括嗅觉受体本身。尽管它们在变得更加多样化，但其基本类型仍然相同，甚至连位置也是一成不变，依旧从鼻腔嗅黏膜表面延伸出来。此外，所有嗅觉受体都与神经细胞紧密相连，嗅觉神经冲动会直接传到大脑底部一个古老而原始的部分——嗅球。可以说，最早的大脑只不过是一个孤零零的鼻子，以及一个与之相连的小小嗅球。在嗅球中，部分神经会与大脑中控制先天性行为的部分相连；另一些则会触及更远的，控制意识认知的位置，这里决定了当我们想到薰衣草、薄荷或臭鼬的气味时，会产生怎样的联想。

无论是对于狗或猪，还是人类或刺猬来说，上述这些内容都是真实准确的。但不同物种之间存在着重大差异，而探明这些区别最简单的办法，就是对人和狗进行比较分析。犬类的嗅觉进化得十分灵敏，它的鼻子只要抽一抽，就能侦测到许多气味。嗅闻时的吸气不同于正常呼吸时的吸气，前者闻得更深入，也更有目的性。正如戈登·谢泼德在那本美妙的《神经美食学》中所描述的，[60] 狗的嗅闻始于呼气。当狗呼气时，会通过鼻孔边缘的裂缝将空气呼出，高压作用下，空气向鼻子两侧喷出，这有助于搅动两边的尘土，使附着在其表面的气味分子重新飘散在空气中。接着，狗会迅速吸入并嗅闻空气（主要由氧气、氮气和二氧化碳组成），以及其中飘浮的气味分子。最后，它闻到了自己要找的气味。如果狗真的很想找到某一事物，它的嗅闻频次可增加到每秒 8 次。狗在嗅闻时，吸入空气的方式与呼出空气的方式截然不同。吸入的空气会经由鼻孔的中央室进入鼻子，这样，呼出的气味就不会和吸入的气味混合。狗每次能吸入其鼻孔附近约 10 厘米范围内的空气，这个球形范围被称为鼻子的"领域"。从这个领域内提取的芳香化学物质在被吸入后会沿着鼻瓣的通道往上走，到达鼻腔内嗅觉受体所在的很长的一段位置。犬类的鼻子拥有近万种、数百万个针对单一气味的嗅觉受体。它的鼻子非常适合追踪并分辨气味，可以通过微小的气味分子去认识和了解世界。狗会将鼻子伸向并嗅闻它们觉得甜蜜而我们觉得恶臭的事物。在犬类的世界里，最棒的就是便便、同类的尿液标记和肛门腺。

犬类的鼻子专为鼻前嗅觉设计。鼻后嗅觉则是另外一回事。鼻后嗅觉主要发生在呼气时，呼出的气流从肺部进入闭合的口腔内，裹挟着食物的气味通过口腔后部进入鼻腔，最后从鼻孔呼出。在犬类认识和了解世界的过程中，鼻后嗅觉所起的作用相对较小。因为当狗在咀嚼食物时，只有很少一部分挥发性化学物质能从口腔进入鼻腔。因此，犬类所能体验到的风味以味道为主，而无法享受到味道与香气携手献上的微妙体验。[61] 它们放弃了这种进食时微妙的气味体验，而选择了外部世界那些"美妙的"气味轨迹。从这一点来看，犬类确实是搜寻松露的好帮手，它们不但找得飞快，而且也没有在发现松露后咬上一口尝尝味道的嘴馋冲动。

人类的鼻子与犬类的完全不同，并且在很久以前就踏上了不同的进化之旅。

在大约 7500 万年前，灵长类动物的谱系一分为二。一个分支是"原猴亚目"（拉丁学名：Strepsirrhini），现存的包括狐猴、婴猴，以及它们的近亲；另一个是"简鼻亚目"（拉丁学名：Haplorrhini），现代的猴子、猿类和人类都出自这一分支。① 自从分开演化之后，两支灵长类动物之间的差异也越来越大。其中就有视觉上的差异。简鼻亚目灵长类的眼睛进化得更加敏锐，某些品种甚至还进化出了色彩分辨能力（三色视觉）。伴随着这些变

---

① 原猴亚目较为原始，鼻部湿润，湿润的鼻子嗅觉更好，更适合夜间行动以及靠嗅觉捕捉猎物（主要是虫子）。简鼻亚目则鼻部干燥，多在白天活动，出色的视觉有助于它们采食嫩叶和果实，不再那么依赖嗅觉。简鼻亚目的上唇并非像原猴亚目那样直接连接鼻子或牙床，所以能做很多面部表情。

化，它们大脑中负责解读分析视觉信号的相关部位也在扩大，并且更加依赖于视觉而非嗅觉。因此，许多特定气味的嗅觉受体基因被弃置不用，数代之后，这些基因丧失了正常功能（它们变成了"伪基因"）。[62] 在上述变化的协同作用下，这类动物的鼻子缩小了（haplorhine 意为"简单的鼻子"）。也许没那么明显，不过，猴子的鼻子确实比同样体形大小的其他哺乳动物的要短小。人类鼻子的缩水程度更为严重，相比按照人类平均体形大小所作的评估，我们的鼻子体积比预期的小了 90%。[63] 简鼻亚目灵长类为适应眼睛和鼻子的变化，其头骨的形状普遍发生了某些必要的转变，这在人类始祖身上尤为显著。[64] 哈佛大学的古人类学家丹尼尔·利伯曼认为，在上述变化中，有多个与鼻前嗅觉能力下降、鼻后嗅觉能力提升有关。[65]

随着鼻子和眼睛的进化，简鼻亚目灵长类的部分头骨结构逐渐消失。[66] 这些消失的骨头是进化过程不完善所导致的间接损害，就像将家具拆了重装后，才发现手边还剩下几颗螺钉与螺帽。其中，就有一块横向骨板，这根长长的骨头原本位于口底和鼻底之间，是负责分开口腔和鼻腔的隔板①。正如利伯曼教授所说，它的消失可能会对人类嗅觉造成巨大影响。[67] 由于发生了这种变化，猴子和猿类的祖先原本只是在咀嚼食物，甚至单纯地

---

① 指次生的口腔骨质硬腭，是具有分割口腔内呼吸与消化通路的隔板，是由前颌骨、颌骨及腭骨的突起拼合成的，它与软腭一起使空气沿鼻通路向后输送至喉，从而使哺乳动物能在咀嚼食物的同时呼吸空气。

在舔食，突然间就闻到了食物的气味，这是鼻后嗅觉在起作用，当食物中的挥发性物质迅速散逸到鼻腔后，它们就能闻到口腔内的食物气味。

次生腭（或称硬腭）的消失，可能为包括大猩猩和黑猩猩等猿类在内的多种灵长类动物献上了全新的食物品尝方式。其他哺乳动物，比如犬类，会先闻闻食物，再一口咬上去，咀嚼时，小部分来自舌头的感觉不断调和，带来了相对简单的进食体验。它们只能尝尝味道，而味道，就是苦、甜、鲜、酸、咸。但猴子、猩猩等简鼻亚目灵长类动物则不然。它们进食时，除了能品尝到味道，还可以嗅到口腔内的食物香气。味道、香气、口感连同其他花里胡哨的东西，共同构成了"风味"。风味概念在次生腭消失之前便已经存在（事实上，每个物种都有各自的风味体验），只是与人类当前的定义不尽相同。

在大约 400 万年前，我们的祖先"南方古猿"开始直立行走，另一系列变化随之发生。靠双足站立的南方古猿不再需要匍匐在地，努力嗅闻泥土中残留的气味。它们既然能嗅到口腔内食物的气味，自然也能捕捉到吹拂而来的气味。甚至连黑猩猩和大猩猩也表现出了这一能力，虽然它们不能完全直立行走，但与其他灵长类动物相比，它们四肢着地的时间占比较少。苏珊·瓦尼格（Susann Jänig）在莱比锡动物园花了很长时间去观察黑猩猩和大猩猩的嗅闻行为，并在自己的博士研究中提出了她的发现。黑猩猩和大猩猩都可以而且确实会弯腰嗅闻地面上的物体，但对于那些可以捡起来的物体（不包括附着在其他黑猩猩或大猩猩身上的枯枝败叶），它们更倾向于将其拿起，比如食物、树叶或是枝条，然后放到鼻子下面闻一闻。它们也会用手掌触摸这些物体（或互相梳理毛发），接着嗅嗅自己的手指。[68] 如果某些物体正好符合它们的胃口，那么下一步的动作就是舔舐。这一行为发生在进食之前，它们试图通过舔舐，采集包括味道和鼻后嗅觉在内的食物风味。

　　两足动物的进化也与其鼻道相对于躯干的方向发生改变有关（由此，空气从肺部离开）。以人类为例，从肺部呼出的空气会先沿着脖子前行，接着遇到一个直角转弯，最后才通过鼻孔排出。这个急转弯与鼻子相对于头部的方向有关，也与脖子相对于躯干所抬起的方式有关。包括黑猩猩和大猩猩在内的其他灵长类动物在呼气时，气流的转弯不会像人类这般迅猛。丹尼尔·利伯曼推测，在人类呼气的过程中，呼出气体所必须经过的这个急剧转向可能会加速气流，使其在口腔内来回弹射，并向上冲入鼻腔。人体解剖实验似乎证实了他凭直觉作出的这一猜想。[69] 呼气时，高速弹动的气流可能会把口腔中更多的气味带到鼻腔内。

　　最后，两足动物还需要在口腔内比较靠前的位置（在会厌 [1]

---

[1] 会厌由会厌软骨和黏膜组成，位于喉头上前部。在说话或呼吸时，会厌向上，使喉腔开放；在吞咽食物时，会厌向下，盖住气管，避免食物或水进入气管。这个结构是为了弥补哺乳动物的一个演化缺陷，那就是食道和呼吸道会在咽部交汇。

之前）咀嚼和处理食物，否则便会有呛到甚至窒息的危险。利伯曼教授认为，这给了人们更多的时间去体验鼻后嗅觉。当舌头来回搅动食物，使其释放的挥发性化学物质在口腔内到处激荡涌动时，我们才通过鼻后嗅觉品味到了它的香气。

戈登·谢泼德和丹尼尔·利伯曼强调，正是这些发生在鼻子、头部和躯干的进化演变使得原始人，特别是智人的嗅觉能力，变得与众不同。它们导致人类难以像狗或猪一样准确分辨土壤中残留的气味，却为我们的味觉体验增加了一项鼻后嗅觉。[70]在所有描写人类风味体验（嗅觉、味觉、口感及其他感受）的文字中，没有一篇能比美食家布里亚-萨瓦兰1825年的作品更加贴切。虽然他讲述的是现代人类的味觉体验，可在过去400万年中，人类口、鼻的变化程度相对较小（至少与更久以前相比），所以下面这段文字可能也适用于描绘南方古猿、古代智人和尼安德特人的饮食体验：

> 一旦落入口中，食物就无路可逃了。它的一切，从气味到水分，都被牢牢锁住。口腔……是一个捕获并困住气味分子的洞穴……封闭的嘴唇能粉碎一切逃离的希望。牙齿们各司其职，时刻准备好撕扯、切割和研磨。唾液会浸润食物，然后由舌头负责将其捣碎并搅拌成糊状。接着，吞咽动作把它推向食道，舌头随之向上抬起，使它顺着食道自然滑落。

最后，一切交由嗅觉前来收尾，它能抓住风味的余韵，不会遗漏食物滋味……的一丝一毫，连一粒残渣、一滴汁液，甚至一个气味分子都别想逃脱应有的命运。

在餐厅或森林里与一条狗或是一头猪做伴时，彼此所感受到的世界并不全然相同。我们无法获得狗和猪的部分感受，而它们也无从了解人类方能拥有的部分认知。人类对寻找松露束手无策，不过极为擅长品尝它的味道。狗善于搜寻松露，却无福享受这一美味。猪会本能地奔向松露，它很喜欢这种气味，但不知道自己为什么会对它欲罢不能。如此一来，松露就成为一个不错的范例，它既体现了人类嗅觉的独一无二，也表明每个物种都有其专属的风味世界。那么，回到对古人类故事的探讨，有些人可能会觉得，人类不仅拥有无双的料理传统和特色美食，还具有独特的赏味能力，比如鼻后嗅觉。

关于气味和人类进化，还存在一个关键问题，那就是有没有什么气味会让人本能地为之陶醉，或至少表现出这种倾向。松露的气味会唤起猪的本能冲动，那么哪些东西能对人起相似的作用呢？这在目前还属于未解之谜。

它可能是某种与烤肉相关的气味，人类祖先自从尝到烤肉，就几乎把对这种美食的喜爱刻在了基因里，烤肉之于人，就好比松露之于猪。或者，我们的大脑可能已经准备好了喜欢上这种美食，却没有将这一偏好转变为本能。《食物与厨艺》的作者哈罗德·麦吉指出，能让黑猩猩、大猩猩和人类垂涎三尺的食物，往往具有一个共性，那就是复杂的香气。[71] 某个针对单体气味分子进行的研究同样指出，文化背景、种族或所属地域均不相同的观察对象，都偏爱复杂的气味分子。[72] 我们的大脑或许对这些复杂的芳香化合物更为敏感，因而也偏爱它们混合后的香气。在中文里，经常用"浓"这个字来形容食物，意为"气味浓郁、味道丰富"。林相如及其母亲廖翠凤在《中华美食录》中写道，人类喜欢"五花八门的滋味，它们让美食大道派生出了无数条支路"。自从人类祖先学会了生火，他们就开始主动改变食物的性状，大脑可能也从此倾向于喜欢熟食的丰富味道。并且，与狗或猪相比，人类更加喜欢能在口中缓慢释放的、复杂的食物风味。[73]

有些香气本身就很复杂，比如松露。而另一些，则是因为各类文化背景下加工处理食物的方式不同而变得复杂。烹饪肉类是人类将自然给予的简单气味转化为复杂香气的手段之一。在合适的温度下，肉类肌肉细胞内的蛋白质、脂肪与酸发生化合、分解的化学反应，并释放出气味分子，在空气中传播。熟肉中产生香味的化学物质就来自这一反应。熟肉会散发出果香、花香、青草的芬芳以及坚果的气味。然而，在高温下，肉类以及蔬菜还会遇到另一种情况。在高温下，食物的化学反应造就了熟食的美味，而这个神奇的过程先是有了一个法语名，翻译成英文为

Maillard reaction，即"美拉德反应"[①]。

1912年，法国内科医生、化学家路易斯·卡米拉·美拉德发现并用自己的名字命名了"美拉德反应"。不过，他并没有研究食物，而是试图弄清楚生物体组装氨基酸，制造蛋白质的过程。于是，他将氨基酸和糖类混合并加热，获得了许多全新的芳香化合物。这其实是在无意间还原烹饪的部分过程。在烹饪过程中，食物中的氨基酸和糖类在受热后，生成了与美拉德的实验中一样的新的化合物。这些化合物包括一些能改变食物表面质地和颜色的色素。加热变色的肉类、新鲜出炉的面包表皮以及酿造前烘烤的麦芽，都会呈现出这些色素的颜色。除了色素外，这一过程还产生了数百种其他化合物，其中，就有许多小到可以在空气中传播，并被我们的鼻子捕捉到的气味分子。"美拉德反应"基本上属于一种化学反应，因为它服从化学定律，但这一反应的魔力在于我们偶尔会得到一些出乎意料的结果，也就是说，我们对它的理解目前还不够透彻。

所以每隔几年，科学家就会发现若干"美拉德反应"的新产物。而在未来，我们对它的了解将会越来越深，直到揭穿烘烤和发酵这两位手腕高明的魔术师的全部伎俩。熟肉会散发出复杂

①　1912年，法国化学家路易斯·卡米拉·美拉德（Louis Camille Maillard，1878—1936）提出并以自己的名字命名了这一羰基化合物和氨基化合物之间发生的反应。"美拉德反应"，简而言之就是食物中的碳水化合物与蛋白质在加热时发生的一系列复杂反应。这种反应产生了棕黑色大分子物质"拟黑素"和上千种气味分子，赋予食物可口的风味与诱人的色泽。

的香气，而在自然界中，也有一些东西会进化出类似的香气来吸引动物食用它们，比如水果。仅仅在熟牛肉中，我们就鉴定出了600多种气味分子，其复杂程度甚至可与水果以及某些真菌（如松露）相媲美。例如，熟透的草莓会带有360种芳香物质，树莓带有200种，而蓝莓则有106种。[74] 也许哈罗德·麦吉是对的——我们人类天生就无法抗拒复杂的香气。可能正如他说的那样，"人类之所以注重生火烹饪，就是因为它能把平淡无奇的气味变得同果香一般层次丰富"。[2] 烹饪会给肉类和蔬菜带来丰富的气味。对于那些并不朝着可食用方向进化的动植物的某些部分，烹饪赋予了它们一定的混合气味，这些气味类似于水果或松露释放的混合气味，却又有自己的独到之处。

可以确定的是，无论造成我们喜欢水果、松露和熟食的本能倾向是什么，我们对水果、松露和熟食的偏好都是后天习得的。在习得对风味的喜爱方面，鼻子与大脑的共同作用功不可没。更重要的是，庞大的脑容量使得人类可以将气味世界分门别类地梳理妥当。戈登·谢泼德甚至认为，在过去几百万年里，人类大脑之所以进化得越来越大，就是为了更好地根据气味，尤其是食物的气味，对周围的物种进行分类。

我们可以做一个思维实验，取一小片薄荷叶，用两根手指揉搓细碎，接着把手指放到鼻子前嗅闻，或者使用更好的方法——把它放入口中。当薄荷叶中的微量化合物，如薄荷醇，进入鼻孔，遇到来回摇摆的嗅毛后，便会触发与之对应的那组嗅觉受体。这就像是鼻腔内的气味分子敲了敲键盘，发送了一个生物化学信号；接着，一波神经冲动传导过来，点亮并映射在大脑底部的嗅球表面，形成了直观可见的"地图"。一团团对气味的认知意识有如爆发的星群一般，排布在嗅球表面，于黑暗之中闪闪发光。[3]

琳达·巴克（Linda Buck）博士是嗅觉受体工作原理的发现者[①]，她认为人类的大脑也许能够识别出成千上万种不同的气味。这是与生俱来的本能，仅受个体之间遗传差异的影响。因此，据我们所知，同卵双胞胎的气味识别能力是相同的。然而，我们必须通过后天学习，才能区分气味，并随时提取不同气味所对应的意识经验。以薄荷为例，我们不但要学着区分薄荷的气味与其他气味，还要在脑海中把薄荷醇的气味与薄荷的存在联系起来。

目前，我们对嗅觉工作原理的认知还处于初级阶段。因此，描述嗅觉机制的最简方案依然是"隐喻"（它显示我们对嗅觉机制的理解尚不真切）。在嗅觉受体的键盘上，每一种气味分子都会触发一组特定的嗅觉受体，从而敲出不同的代码。[4]不同的气

---

① 美国生物学家琳达·巴克主要研究气味和信息素怎样被鼻子发觉，然后再被大脑转化成不同的感觉和行为。她和自己的导师，美国医学家理查德·阿克塞尔（Richard Axel）发现了嗅觉受体的基因图谱，阐释了人类嗅觉系统的运作方式，即人类为什么能够自觉感受到某种香气，并在任何时候都能提取与这种嗅觉有关的记忆。他们凭此共同获得了2004年的诺贝尔生理学或医学奖。

味分子激活不同的代码，这转而又让嗅球表面出现了不同的受激细胞群。由各种气味分子混合而成的香气，如松露、草莓或香煎培根的气味，会在脑海中留下复杂、综合的记忆认知。但就像莱特兄弟没有选择在飓风中首次试飞一样，神经学家也不打算一开始就去解析如此复杂的混合气味。所以，我们认识得最为深刻的，还是那些孤立的单体气味分子。但即便是单体气味分子，我们仍需动用比喻，将大脑对鼻子所发信号作出的反应比作"检索馆藏目录"。

在人类历史上，当某个文明的图书馆藏数量发展到一定规模时，就必须研发推行系统性的图书管理办法。先辈们设计了许多图书管理体系，但最通行的还是按照图书选题将它们分门别类地放置在书架上，然后在书架侧面贴上一组卡片标签，注明这个书架的图书选题，以便迅速找到特定书籍。图书馆的规模越大，需要进行细分的图书选题就越多。比如，"薄荷"就是"药草"之下的子类，而在"薄荷"之下，又细分出了"留兰香薄荷""夜息香薄荷"和"科西嘉薄荷"等子类。人类大脑对气味的分类方式便与此相似。当我们认识、了解气味时，大脑这座大型图书馆会将其收录的每一种气味自动化作某个书架标签，而与这种气味相关的所有记忆，就变成了这栏书架上的一册册书籍。但是，正如不同的图书馆会使用不同的选题对图书进行分类一样，两个人也可能将同一种气味划归到不同的选题之下。

罗布就做过一个实验，他把一块气味刺鼻的洗浸软质奶酪^①带进了课堂，让学生们依次嗅闻和品尝它。一位名叫扎克里·昂的学生表示，这块奶酪的气味与"爱畜动物园"^②相近。于是，在他的脑海里，牲畜扎堆的"爱畜动物园"的气味标签下，多了洗浸软质奶酪这个特例。而对另一名学生娜塔莉·密来说，这种奶酪闻起来像 Cheez-It 饼干^③。于是，在她心目中，这款奶酪的气味被贴上了"Cheez-It 饼干"的气味标签。不过，如果罗布频繁地带给这两位学生类似气味的奶酪，他们的脑海中可能就会新增一列挂着"臭不可闻的奶酪"标签的书架。脑内的神奇图书馆可随时为新的选题设立新的书架。一般而言，人越是频繁地闻到某些气味或品尝到它们的风味，他的脑内图书馆中关于这些气味的"书籍"就越多，书架边上卡片目录中的图书选题分类也就越细化。品酒师之所以能成为专家，一定程度上就依赖于他们那通过后天训练所获得的快速图书检索能力，以及不断实践而增加的藏书数量。日积月累，他们在脑内专为

---

① 这种外皮呈橘色的牛乳奶酪的气味非常浓烈，类似氨水味，但是这种气味具有一定的欺骗性，尝起来其实远没闻上去那么令人生畏，反而浓郁可口。制作这一食物时，要定期用盐水清洗奶酪表面，使之生长出特定的酵母菌，因而得名"洗浸软质奶酪"。

② 与野生动物园不同，"爱畜动物园"（petting zoo）中的成员主要是驯化了的农场动物，包括马、羊、猪、鸡、鸭等，以及少许驯服后的野生动物，比如鹿。参观者可以与这些动物互动，触摸它们并喂食。这种体验主要针对儿童，所以此类动物园也叫"儿童动物园"。

③ Cheez-It是一种奶酪味的烘烤饼干，由奶酪、小麦粉、辣椒粉和其他配料制成。

葡萄酒的香气与风味开辟了远比常人精细的分类——当然，再怎么精细，也还是在人类嗅觉受体基因编码的限制之内。

图 3.2　美国国会图书馆的卡片部。卡片用作根据图书选题，将藏书分类，每一大类下分许多小类，每一小类下再分子小类。

　　每个物种的脑内图书馆中都有其特有的图书分类；而且就算是同一物种，个体拥有的图书选题也不尽相同。所以，脑内图书馆更像是私人藏书室，而非公共图书馆。我们的嗅觉世界的气味分类也是因人而异的。正如戈登·谢泼德在其作品《神经品酒学》[75]中所指出的那样，品酒师们的红酒鉴别能力可能不相上下，但在对红酒风味的分类和描述上却大相径庭。[5]不过，人类的脑内图书馆库还有一些特别之处。比如，我们会从香到臭对气味进行分类排序。脑海中的每种气味都与一系列与之相关的经历，即对这些气味的记忆，联系在一起。比如"薄荷"这一选题中就充满了我们嗅闻薄荷香气的体验和记忆。它不仅包含记忆本身，也包含与记忆相关的情感体验。大脑会根据气味留下的美好或不堪的回忆，对我们闻过的每种气味的怡人程度进行排序。在有过共同经历的人之间，这种排序可能相似，但绝不相同。我们的大脑就像有一套类似于 Yelp 网站①的专属评级系统，在每种香气的评级之下，都会附有根据个人经历而书写的评论。

言归正传，让我们继续讨论人类进化的故事。在直立人和其他古人类学会生火后，嗅觉图书馆可能促使他们变得热爱熟食。但在他们学会生火之前，嗅觉图书馆一定也在其他环境中发挥着重要作用。直立人总是四处迁徙，并在旅途中遇到各种陌生的栖息地。这时，嗅觉图书馆就派上了用场，它能够将眼前的栖息地与脑海中特定的意义联系起来。沼泽腐败的气味意味着危险，森林清爽的气味代表着愉悦。当然，情况也可能恰好相反。毕竟，现代人的观念与古人类并不相通。不过，无论是在沼泽、森林还是草原，我们都能记住各种当地食物的气味，比如果实的、种子的、根茎的。有时，人们可能会耗上一段时间去熟悉并爱上某一风味，这一过程也许需要几十年、几百年，甚至几千年。从下面

① Yelp是美国最大的点评网站，囊括各地餐馆、购物中心、酒店、旅游景点等领域，用户可以在网站中给商户打分，提交评论，交流购物体验等。

这组黑猩猩研究人员所做的观察中，我们能大致了解到这一过程究竟会有多慢或多快。该研究小组的领导者是高畑幸雄①，和西田利贞一样，他也在坦桑尼亚的马哈雷山国家公园研究黑猩猩。

1965 年，西田利贞刚到这里时，为了帮助黑猩猩适应不断缩水的栖息地，给它们提供了一些人类种植的陌生水果。不过，这种投喂行为到了 1975 年便停止了（西田利贞已于 1968 年回到日本，高畑幸雄等人会偶尔放上一些甘蔗）。此时的黑猩猩仍然会食用人类种植的水果，只是不问自取罢了。这是因为在 1974 年，当地政府的决策发生改变，黑猩猩栖息地附近的村落和零星房屋逐渐废弃，留下了无人照料的种植园，里面有包括香蕉、番石榴、油棕榈、橙树、木瓜和菠萝在内的许多树种。于是，黑猩猩发现，过去由挥舞扫帚的老妇人和高声叫骂的小孩儿所保卫的食物变得唾手可得。它们最先下手的对象是香蕉。这个结果并不令人意外，因为西田利贞最初为它们准备的正是香蕉。年长一些的黑猩猩已经习惯了这种食物，不过，它们还需要更多的时间去认可和接受其他水果。直到 1981 年，研究人员才观察到第一只食用番石榴的"勇士"。在随后几年里，这只黑猩猩渐渐熟悉并爱上了番石榴的风味，开始频繁地食用它。其他 5 只黑猩猩也是如此，但大多数黑猩猩碰都不碰这种陌生的水果，甚至连一丝尝

① 高畑幸雄，关西学院大学的名誉教授，曾前往世界各地对日本猕猴、坦桑尼亚黑猩猩和马达加斯加环尾狐猴进行实地研究，关注灵长类动物的社会关系、活动范围以及狩猎行为。

试的念头都没有。芒果的待遇也是如此，一只 5 岁的雄性黑猩猩①最先尝试了部分未熟的芒果，在它的带动下，它的哥哥和其他几名成员也尝了尝芒果，可芒果始终没能在黑猩猩族群中流行起来。[76]

到了柠檬树，研究有了一丝曙光。1982 年 6 月 28 日，研究人员发现，马哈雷地区某支黑猩猩族群中的一名雌性成员爬上了柠檬树，并且试吃了一个柠檬。接着，同年 7 月，另一只成年雌性黑猩猩也作出了尝试。然后，在 8 月 10 日，一只成年雄性也品尝了一个柠檬，并在第二天又吃了一个，聚集在它周围的其他黑猩猩也纷纷开始试吃柠檬。在接下来的一个月里，研究者累计观察到了 20 只经常食用柠檬的黑猩猩。不到一年，这个数字翻了一倍。在随后几年中，黑猩猩们经常光顾柠檬树。它们会把柠檬咬成两半，一半放在脚旁，另一半举到嘴边，挤出柠檬中的酸甜汁液。[77]套用诗人威廉·卡洛斯·威廉斯（William Carlos Williams）②的诗句就是：这些柠檬，对它们而言滋味不错。这一

---

① 黑猩猩的寿命大概是40岁，性成熟约需要12年，5岁的黑猩猩还属于好奇心旺盛的幼崽。

② 威廉·卡洛斯·威廉斯（1883—1963），20世纪美国最负盛名的诗人之一，美国后现代主义诗歌的鼻祖。他反对维多利亚诗风，力求使用贴近生活的语言创作情感细腻、充满哲思的诗歌，代表作有《佩特森》（Paterson）、《红色手推车》（The Red Wheelbarrow）、《唤醒一位老妇》（To Poor Old Woman）等。此处化用的就是《唤醒一位老妇》中的内容，"They taste / good to her // You can see it by / the way she gives herself / to the one half / sucked out in her hand"。

点，从它们尽情吮吸、享受手中半个柠檬的神态，就能看得清清楚楚。

聪明的黑猩猩学会了区分柠檬树和其他树木，也学会了分辨柠檬与其他水果。它们开始习惯并享受柠檬的清香，并在这种香气的吸引下聚集在柠檬树周围，双手用力掰开果实，一边将一半果实先放在脚上，一边纵情享受另一半。和黑猩猩逐渐爱上柠檬一样，古人类在迁徙过程中也会一次次地去熟悉并喜欢上全新的香气和风味。这些风味也许来自陌生的水果、树叶或昆虫，甚至可能是居住在森林里的他们从未尝过的贻贝。有时，对于那些藏得十分隐蔽的食物，就必须借助棍棒等工具，才能享受到它们的香气和风味。通过砸开坚果、捞取水藻，古人类认识到了全新的香气和风味。他们必须使用工具，才能解放这些被封印在壳中或水下的美味。于是，各种食品加工手段逐一在寻味者们手上诞生。

当人类祖先学会了加工食物，世界就翻开了崭新的篇章。我们几乎可以肯定，古人类掌握了切割和研磨食物的技术。它们在一定程度上为人类带来了全新的香气和风味。接着是火焰。正如前文所说，没有人知道我们的祖先开始生火烹饪和步入熟食世界的确切时间。这种行为很可能在尼安德特人到达法国多尔多涅地区时就已经开始了。尼安德特人在暖期①似乎有生火烹饪的习

---

① 第四纪（始于约260万年前）时，气候出现过多次冷暖变化，地球基本就在冰期和间冰期（跨度以十万年计）之间来回波动。气候回暖而动物数量增多时，尼安德特人会更容易捕到猎物。

惯。狍子、䴔鹿、野猪和马鹿都会变成尼安德特人最爱的烤肉。熟肉会散发出复杂而美妙的香气和风味，在这方面，唯有水果能与之媲美，而两者可能都是尼安德特人的最爱。[6] 智人登场，我们的祖先开始品尝和探索世界，并不断开发料理手段，利用周围的一切来创造全新的香气和风味。我们假设，在这一过程中，他们学会了区分各类熟食的香气和风味，并且对其中的一部分有所偏爱。而这看似不起眼的偏好却造成了巨大的影响。这就是我们下一章所要探讨的，这些偏好可能导致了第一次（但不是最后一次）料理大灭绝。[7]

第四章

料理大灭绝

野兽拥有记忆力和判断力，甚至会在一定程度上展现出人类的能力与情感，但它们仍与料理绝缘。

——詹姆斯·鲍斯韦尔
《约翰逊传》

对于习惯单腿站立睡觉的山鹬，老饕们可以尝出两条腿之间的风味差异。[1]

——布里亚-萨瓦兰
《厨房里的哲学家》

我们曾造访亚利桑那州南部的一处小镇，那里距离墨西哥边境 16 千米。在那里，我们开始琢磨一种不同寻常的风味：猛犸肉！无论是在亚利桑那州还是全世界任何其他地方，我们的日常

————————————

[1] 山鹬大部分习惯左腿站立，肌肉使用量较大，比较有嚼劲。

生活似乎与猛犸肉的风味并无关联。但事实并非如此，它的风味还是残存有少许影响。猛犸肉代表着那些曾让我们回味无穷，现在却已湮没在历史之中的风味。

我们待的小镇名叫巴塔哥尼亚。这是个有些年头的矿业小镇，因晚年定居于此的美国"硬汉派"作家吉姆·哈里森（Jim Harrison）而声名远播。这位独眼作家〔代表作《秋日传奇》（*Legends of the Fall*）〕除了酷爱文字，还热爱美食。[1] 我们在巴塔哥尼亚远足、思考、饮食和探索。这里是全美生物多样性最为丰富的地区之一。在周围的群山之中生活着数百种鸟类，以及美洲豹、黑熊和盘羊。

这天，罗布决定和儿子沿着索诺伊塔河散步。这条小河时隐时现，一会儿没过岸边卵石的头顶，一会儿又像条银蛇似的钻入地下水层。我们当时正借住在自然作家加里·纳卜汉（Gary Nabhan）[①] 的家中，罗布和儿子两人在房子附近兜了一圈。他们走在干涸的河床上，河水就躲在他们脚下，静静流淌。走着走着，他们看到了一群领西猯[②] 留下的痕迹。除了留下一串串蹄印，它们还把河床弄得一片狼藉。领西猯也许是嗅到了河床下埋藏着的美味的小点心，河床上到处都是它们用鼻子拱出的泥坑。

---

① 加里·纳卜汉，美国知名的自然作家，致力于保护生物多样性、社会文化多样性以及饮食多样性。
② 领西猯，哺乳纲、西猯科的野猪，栖息在美国西南部和中南美洲，通常成群结队行动，食谱极为广泛。

继续前进，父子俩听到了奇瓦瓦渡鸦[①]的叫声（人们总是忍不住喊上几声来回应它们），还发现了一个臭烘烘的狐狸窝。在接下来的日子里，他们又找到了郊狼的爪印，发现了一群西猯，还看到许多只盘旋着的老鹰在搜寻啮齿动物的踪迹。这块土地荒凉，野性，与现代社会格格不入，但最让人着迷的，还是这里的失落之美。当我们的儿子捡起一块明显是从石头上敲下来的薄片时，这种感觉达到了顶点。那是原始人手工制作的石器，甚至可能是一个矛尖。它原本埋藏在岸边的沉积物中，根据它所在的地层推断，这个石片可能是一万多年前某个打算享用一顿丰盛午餐的祖先留下的。

　　想要了解这片荒野，首先就要理清巴塔哥尼亚的水系，掌握各大河流、湖泊等水体之间的关系。亘古以来，河流就连接着这片土地上的一切事物。索诺伊塔河不是全年都在流动，其表流经常"断续"出现。它会季节性地汇入圣克鲁斯河，而后者又与希拉河合流。[②]作为亚利桑那州南部唯一的"主动脉"，希拉河奔流向该州西南角，在那里并入科罗拉多河。科罗拉多河的河系大部分流入加利福尼亚湾北端，剩下的则往南流向墨西哥的河口

[①] 奇瓦瓦渡鸦，北美洲西南部地区独有的纯种渡鸦（该地区其他种类的渡鸦均已打破生殖隔离），能发出多种鸣叫声，具有很强的模仿能力。

[②] 圣克鲁斯河位于南美洲阿根廷南部，自西向东穿过巴塔哥尼亚荒原，流往大西洋。希拉河位于美国西南部，圣佩德罗河、圣克鲁斯河都是它的支流。

三角洲。不过现在，这个曾经富饶的农业区已经化作一片不毛之地 ①。在巴塔哥尼亚的东部，也有一条季节性河流，名为库里河，它在汇入圣佩德罗河后又并入了希拉河。考古学家万斯·海恩斯（Vance Haynes）正是在库里河取得了重大发现。

在新墨西哥州的克洛维斯镇附近，海恩斯发现了一处遗址，并在此挖掘出了某种远古长矛的超长矛尖。他将其命名为"克洛维斯矛尖"。这些矛尖深埋在河流凹岸沉积的黑矿层下（我们也是在这一地层中找到石片的）。与之一同出土的还有古人类用于屠宰史前哺乳动物的各类石器、几处火塘，以及 13 头猛犸象的象牙和骨头。[2] 在圣佩德罗河沿岸的另外 5 个地点，万斯·海恩斯等考古学家也找到了许多克洛维斯矛尖和大量史前哺乳动物的残骸，其中一些骨骼上还留存着屠宰切割、烹饪灼烧的痕迹。这些坐落在河岸边的遗址是克洛维斯人逐水而居的证据。总体而言，它们是美洲旧石器时代人类生活的珍贵镜头，也是研究克洛维斯人，探寻其喜好和影响的考古胜地。

近年来，随着多个存在时间远早于克洛维斯矛尖的遗址在美洲各地重见天日，大多数考古学家都不再将"克洛维斯文化"视为美洲的始祖文化。例如，根据墨西哥中北部高原地区的奇基惠

① 科罗拉多河被誉为美国西南部的母亲河，胡佛大坝的建立让这条发源自落基山脉的河流滋养了流经的七个州。而墨西哥位于支流较少、气候干旱的下游，当美国人在干流和支流上修建了共计106座水库后，墨西哥境内曾经水草丰茂的科罗拉多河三角洲现已成为科罗拉多沙漠的一部分。

特洞穴（Chiquihuite Cave）中的发现，人类早在 3 万年前就已经占领美洲。该遗址出土了时间跨度长达 1 万年的共计 1900 件石器碎片。[78] 在智利海岸等地也发现了类似的古代遗址，但这些远古遗址数量稀少，彼此之间又关联松散，无法据其还原首批美洲访客的生活图景。而那些前克洛维斯时代的遗址则基本形成于 15 000 年前，它们数量更多，相关记录也较为详实。[79] 它们的存在虽然帮助解决了一些疑问，但也带来了更多的谜团。首批美洲访客进入美洲的路线和他们在这片大陆上的行动轨迹依然是谜。我们唯一能确定的是，这批古人类既是打猎好手，也没落下采集的本事。[80] 我们还知道，他们在迁徙、狩猎和采集时进入了一个对其祖先（及其后代）而言全然陌生的世界。这是一个水草丰沛、禽兽繁集的世界。陌生的动植物给这些进入真正的无人之境的古人类献上了全新的风味。这就是美洲的发现。

当第一批访客踏上美洲大陆时，欧洲和亚洲的动物已经遭受包括尼安德特人在内的原始人数十万年的捕杀，以及古人类近百万年的追猎。在此过程中，人类食谱上的那些欧洲动物已经懂得畏惧这种"两脚兽"，其种群数量也日渐稀少。相比之下，美洲大陆不但物种丰富，而且这里的动物仍旧天真懵懂，只会毫无防备地打量手持长矛的小不点儿。美食家布里亚-萨瓦兰有一句名言，享用一道新菜"能给人类带来比发现一颗新星更多的幸福感"，照此说法，可以说美洲大陆为古人类端上了数目堪比太阳系群星的美食。在北美洲，首批访客遇见的大型哺乳动物种类是今天我们能在非洲野生动物保护区里看到的三倍。而在遥远的南方，还有更多的物种在等着他们。

美洲的前克洛维斯人花费了数千年时光去探索美食和拓展食谱。他们擅长狩猎，会使用各式各样的石器和骨制工具。比如，人们最近在华盛顿州马尼斯遗址的池塘底部发现了一只生活在13 800年前的美洲乳齿象，在它的一根肋骨上，插着一截骨制矛尖。[81] 后来，在13 000年前，随着气候逐渐变暖，"克洛维斯文化"诞生了。它的标志是一种独特的矛尖——"克洛维斯矛尖"。

克洛维斯人会制作克洛维斯矛尖，以高效地猎杀大地懒（北美曾有五种地懒，其他种类则分布在大陆南部）、哥伦比亚猛犸象或美洲乳齿象。有这些特种长矛在手，克洛维斯人开始专门狩猎和食用大型食草动物。也只有在大型哺乳动物漫山遍野的美洲大陆，才有条件出现这种奢侈的特化。[82] 从阿拉斯加到北卡罗来纳，再到墨西哥南部的部分地区，都是克洛维斯人的猎场。考古学家加里·海恩斯（Gary Haynes，与万斯·海恩斯并无交集）和贾罗德·赫特森（Jarod Hutson）指出，克洛维斯人惯于追逐猎物，居无定所，每到一处都只会停留数天（而非几周或几年），并且水流可能冲散他们留下的痕迹，考虑到这种种因素，我们如今在河岸边发现的露天遗址的数量可谓"惊人"。[83]

图 4.1 一组"克洛维斯矛尖"样本。注意，虽然这些矛尖的形状基本相似，但它们的尺寸和材质却并不相同。例如，在我们所居住的北卡罗来纳州出土了数百支"克洛维斯矛尖"，它们几乎全部取材于该州中心某座小山（确切而言是座小丘）一侧的岩石。无论是口中的肉食，还是手头的工具，都展现出克洛维斯人强烈的偏好。

一场成功的围猎结束后，倒在克洛维斯矛尖下的美洲巨兽能为克洛维斯人提供数吨重的肉食。与他们的祖先一样，克洛维斯人并不是非大型哺乳动物不吃，更不是纯粹的肉食动物。在一些遗址里，考古学家发现了克洛维斯人食用山楂果的证据。[84]他们猜测，这些原始人可能曾围坐在火堆旁，一边交谈，一边将果核吐到火塘里（考古学家在炉灰中发现了果核）。不过，克洛维斯遗址出土的大型哺乳动物骨骼数量确实远远胜过全球各地绝大部分的古人类遗址。尼安德特人经常被描述为"完美的肉食者"。在欧洲的古人类遗址中，一些证据表明尼安德特人摄入的肉食比他们的邻居土狼摄入的还多。[85]然而，根据研究记载，尼安德特人饮食中的植物成分多于克洛维斯人的，并且这一研究记载还是在前者所生存的年代比后者早上几万年，前者留下的植物残骸比后者分解和消失得更多的情况下做出的。所以，克洛维斯人才是真正地无肉不欢。

克洛维斯人会将肉类烹饪后再食用。他们无疑精于此道。当克洛维斯人首次踏足如今圣佩德罗河周边遗址所在的位置时，人类按时烹饪的历史已不短于10万年，甚至可能更久。[86]这意味着人类曾投入了很长时间去练习烹饪。历经无数次试验和失败，人类终于找到了烧烤火焰的最佳大小、适合做悬挂肉块的树枝，以及完美的烹饪时长。

无论是克洛维斯人及其祖先，还是与之同时代的古人类，他们掌握的所有烹饪形式都离不开相关专业技能的辅助。他们能够打造出制作步骤繁复的工具。他们能够建造房屋遮风挡雨，鞣制兽皮制衣御寒。他们知道如何绑紧、套牢矛尖，也懂得怎样完成一支梭镖投射器。在工具制作上，他们会相互交流学习心得与经验。在烹饪方面，他们一定同样认真仔细。古人类也有各自酷爱的风味，并掌握烹饪这类风味美食的独门手法和祖传食谱。虽然不像正宗的法式豆焖肉那样需要提前八天开始处理食材，但可以肯定的是，原始人的料理绝对要比我们想象的复杂，毕竟我们只能根据他们吃剩的骨头和散落的石器进行推测。在《伊利亚特》（*Iliad*，公元前 700 年）中，荷马描绘了希腊祭司宰杀公牛向阿波罗献祭的场面。在我们想象的克洛维斯人料理美洲野牛的诸多手段中，就有一种与希腊人烹饪祭品的方式相似。他们会进行以下操作：

> 剥去牛皮，剔除腿肉，腿骨裹着油脂……置于晒干后劈开的柴薪之上，生火烧烤，洒上晶莹的美酒，而年轻人……手持五股叉。焚烧牛骨，分食内脏后，他们将剩下的肉切块，插在叉子上炙烤，在火候恰到好处时将其取下。

我们不知道克洛维斯人是否会酿造葡萄酒（在他们的某些活动区域确实有葡萄生长），但在 12 000 年前的北美洲西南部，这些场景或其中的某个场景（洒上美酒除外）可能十分常见。[3] 他们还掌握了烧烤以外的烹饪手段。克洛维斯人的后裔会使用土灶慢炖，也会用热石煮熟食物（在地洞里），还能将两种方法混用，把食物蒸熟（在大约 3 万年前，法国北部的古人类掌握了类似的烹饪手段）。[87] 但到目前为止，还没有证据表明克洛维斯人懂得烘烤、水煮或清蒸。同样，也没有证据表明克洛维斯人会像数万年前生活在欧洲的尼安德特人那样精打细算，榨取猎物的最后一丝价值。在大多数情况下，他们似乎没有敲骨吸髓、焚烧骨骼的习惯，也不会将猎物分得一干二净。他们脚下的土地物种极为丰富，有无数风味等待探索。

人们不禁好奇，克洛维斯人食谱上的史前巨兽究竟会是什么风味。我们对克洛维斯人的菜单有所了解。里面肯定包括哥伦比亚猛犸象、美洲乳齿象、嵌齿象、北美野牛和庞马，也可能还包括杰斐逊地懒、巨足驼、恐狼、短面熊、平头猫、长吻猫、貘、巨骆驼、宽额野牛、⁴驼鹿、灌木牛和林地麝牛，考古学家在克洛维斯遗址及其周边地区发掘出了许多上述物种的残骸。这些巨兽的风味既是饭桌上有趣的谈资，也有更加深远的意义。克洛维斯人的足迹一直延伸到亚利桑那州，他们的狩猎范围包含了北美洲、中美洲全境，而他们在各地域活动的时间恰好就是，或略早于那些登上他们食谱的当地物种的灭绝时间。美食作家有时会讨论那些已经灭绝的物种的风味，他们痛心疾首地写道，人类再也无法领略到罗盘草①的香气与某些芦笋的风味。但克洛维斯人的

---

① 罗盘草，一种只存在于历史典籍里的植物。它曾经生长于利比亚古城昔兰尼，是古希腊与古罗马时期地中海地区著名的香料与药草，在公元前1世纪灭绝。

情况不同，如果把他们的菜单抄写在黑板上，不知道的还以为那是某个失落世界的物种名录。

在 20 世纪 60 年代，随着 Murray Springs 等考古遗址纷纷重见天日，人们发掘出了许多克洛维斯矛尖、大型哺乳动物骨骼以及存在屠宰痕迹的残骸。没过多久，就有研究者把这些线索串联了起来。

1967 年，保罗·马丁（Paul Martin）[①]提出，克洛维斯人一手导致了猎物的灭绝，由于他们的狩猎工具杀戮效率过高，太多头脑简单的物种为克洛维斯人所猎食。[88] 马丁是一位资深的地质学家，他在沙漠实验室（即当时的卡内基沙漠植物实验室）工作了几十年，该实验室就位于亚利桑那州巴塔哥尼亚北边不远处。在那里，他专门研究过去两万多年美国西南部的物种演化。因此，他对那些幸存和灭绝的物种了如指掌。马丁认为，幸存的只有那些不起眼的小型动物（现在的老鼠和浣熊），以及部分有办法扛过气候变化的大型动物。在 8000 年前，当人类尚未踏足古巴、伊斯帕尼奥拉岛和波多黎各时，地懒就已经在这些岛屿上生活。它们甚至在那些人类较晚定居的群岛上繁衍了更长的时

----

① 保罗·马丁，亚利桑那大学地球科学系教授，提出过度狩猎导致北美史前巨兽灭绝的猜想，以丰富的实地考察经验和跨学科研究能力闻名，著有《第四纪大灭绝：史前进化》（*Quaternary Extinctions: A Prehistoric Revolution*）等书。

间。同一时代的弗兰格尔猛犸象也是如此，它们一直生存在俄罗斯和阿拉斯加之间的楚科奇海的弗兰格尔岛上，直到公元前2000年才真正消亡。值得注意的是，虽然气候不断变化，但它们仍然顽强地在这个无人荒岛上生存了下来，直到后来人类抵达此处，弗兰格尔猛犸象才就此走向终结。

丽诺尔·纽曼（Lenore Newman）在《失落的盛宴》（Lost Feast）①中所说的"料理大灭绝"在部分程度上指的就是北美巨兽的消亡，这在一定程度上是人类的口味偏好所造成的后果。[89]这还不是最后一次料理大灭绝。随着人类的足迹遍布全球各个岛屿，这些岛上的大型动物很快就消失在他们的胃里。当人类到达新西兰时，岛上原有11种没有飞行能力的巨型恐鸟。这些鸟也许正是因为美味可口，才在短时间内被人类吃到灭绝。据说，同样不会飞行的渡渡鸟也是因为肉质肥美、味道丰富而被捕杀殆尽。虽然它们不像鸽子或鹦鹉②那么鲜嫩，但在毛里求斯岛上也算是一道难得的美食，且在灭绝之前有着相对庞大的种群数量。[90]与之生活在同一个岛上的红秧鸡也是一种双翼几乎退化消失、对人类毫无戒备的鸟类，据说它们尝起来像是烤猪肉。[91]人类无休止地捕杀这些美味的物种，导致它们的数量日益减少。

---

① 丽诺尔·纽曼，菲沙河谷大学的加拿大食品安全和环境研究主席，也是一名科学作家。《失落的盛宴》一书讲述了人类最爱的食物的历史与未来，既是美食之书，又为环境变化和食品安全敲响警钟。

② 对于大多数人而言，鹦鹉是宠物而非食物。但在19世纪的探险家看来，炖鹦鹉和鸽子汤一样美味。

由于物以稀而贵以及味道独特（就如当前一些鲟鱼的遭遇），它们越是珍稀，就越能勾起人们的贪欲。[92]

美洲的料理大灭绝并非人类史上的第一次料理大灭绝。当身处美洲的克洛维斯人打磨出第一支克洛维斯矛尖时，欧洲的许多大型动物（如披毛犀、长毛猛犸象、大角鹿以及洞熊）都已变得稀少甚至濒临灭绝。人类食谱上的这些动物之所以走向濒危甚至灭绝，并不完全是因为我们的祖先。在乌干达基巴莱国家公园的Ngogo 研究点，科学家发现这里的一个黑猩猩族群掀起了猎食红疣猴的热潮。一项研究显示，在黑猩猩分布密集的地方，红疣猴的数量锐减。[93]

当北美巨兽逐渐灭绝，当地的生态系统也随之改变。由于啃食树苗的食草巨兽越来越少，草原慢慢化为森林。火灾发生的频率有所上升。[94]克洛维斯人的生活也迎来了变化。各个族群之间的交流减少。他们的武器变得更加小巧精致，由于存在饮食差异，不同地区的克洛维斯人使用的武器各异。在一些地方，兔子取代哥伦比亚猛犸象成为他们的主要猎物，而生活在另一些区域的克洛维斯人则以龟类或鸟类为食。克洛维斯矛尖最终退出了历史舞台；与之一同消失的，还有数百年间在矛尖的轮番投掷下轰然倒地的史前巨兽。

到目前为止，研究者们已发表了成百上千篇科研论文，探讨在美洲及全球各个地区大型哺乳动物的灭绝过程中人类所扮演的角色。他们达成共识，抱怨气候变化和人类祖先的过度捕猎一同导致了史前巨兽的灭绝（尽管部分学者并不满意这种说法）。对某些物种来说，无法适应气候变化可能是它们灭绝的主要乃至唯一的原因。[5]对另一些物种而言，人类的猎杀才是它们走向消亡的主要推手。至于其他大部分物种，则是在两种因素的共同作用下逐渐被淘汰的。[6]如何回答这类重大科学问题，大多视情况而定（有时如此，有时那般），很难达成统一。但人类就喜欢非黑即白的答案，在这一点上，科学家与普通人并无区别。但在生态圈和古人类世界中，极少存在非黑即白的情况。如果说克洛维斯人的故事中有哪一部分符合非黑即白的概念，那一定就是他们的饮食习惯。即使最爱的大型哺乳动物日渐稀少，克洛维斯人似乎仍在过度地猎杀。即使克洛维斯人猎食巨兽的癖好只是这些物种消亡的部分原因，但还是造成了重大影响。

生态学家喜欢用"最优觅食"理论来阐释捕食者、猎人和觅食者所作的选择。"最优觅食"是一种"以最小成本博得最大收益"的世界观，这里的收益就是热量。依据最优觅食理论预测，猎手会尽力提高一天之中的卡路里摄入量，因而倾向于将时间和精力用于狩猎、寻觅那些能以最少的付出获得最多卡路里的食物。但这只是一种理想模型，它的前提是人（及其他动物）是完全理性的，并能准确判断出不同猎物所能提供的卡路里数值，且只在乎卡路里的摄入。而这些均不切实际，尤其是在狩猎过程中。例如，在许多文化中，负责狩猎的男性在追捕猎物时消耗的热量都会超过最优数值。此外，他们更倾向于在适合采集根茎、水果、浆果或蜂蜜的季节外出狩猎。也就是说，当部落成员不再那么依赖男性猎手带回的肉食时，他们反而会更频繁地外出捕猎。对于这种情况，一些人类学家猜测，大男子主义的男性猎手更多是将狩猎视作展现自身勇武的机会，而不会去追求优化热量的摄入。[95] 但炫耀可能并不是猎人放弃最优热量摄入的唯一原因。如果有些猎物在烹饪后美味可口，而另一些猎物的味道却令人作呕，那么猎手会如何抉择呢？

在亚利桑那州的巴塔哥尼亚，我们参观了克洛维斯遗址（并在以小型哺乳动物为招牌菜的饭店用餐。史前巨兽消失后，它们就登上了克洛维斯人的食谱），我们开始想象克洛维斯人菜单上那些消失的美食风味，在脑海中勾勒旧石器时代的生活乐趣。我们着手检索科学家、人类学家或其他学者关于现代狩猎采集者对不同肉类风味偏好的研究，并期待这些研究记录能证实现代人与古人类的风味喜好在某些方面存在关联之处。但这类研究极为冷门，我们只找到了一篇论文，作者是杰里米·科斯特（Jeremy Koster）教授①。

2004 年，杰里米·科斯特于博士在读期间前往尼加拉瓜东海岸，到原住民马扬纳人（Mayangna）、米斯基托人（Miskito）

---

① 杰里米·科斯特教授是美国国家科学基金会成员，研究方向涵盖经济人类学、社会网络分析和人类行为生态学。

混居的 Arang Dak 和 Suma Pipi 社区工作。马扬纳人和米斯基托人拥有共同的祖先,因而口音相似。公元前 2000 年,他们的祖先居住在如今的尼加拉瓜的大部分地区。[96] 马扬纳人和米斯基托人的猎物选择和他们 4000 年前的祖先并非一脉相承,与克洛维斯时代活动在北方的远亲更是相差甚远。但和古代猎手一样,马扬纳人和米斯基托人必须选出一些他们能够追捕、击杀和食用的物种。科斯特十分关注原住民的猎物选择。无论是对尼加拉瓜东部森林中猎手的研究,还是对现代狩猎采集者以及克洛维斯人的研究,都是基于"最优觅食"这一假设。但在科斯特看来,"最优觅食"的那些观点尚无法解释他早先访问上述社区时的所见所闻。例如,当地猎手有时似乎会无视一些易于猎杀的动物,哪怕它们能为自己提供可观的肉食。大食蚁兽的体形不小且猎杀难度较低,但几乎没有人会去食用它们。科斯特认为,原住民猎手的猎物选择机制可能更加复杂,超出了"最优觅食"模型的范围。他想知道猎手们在捕杀那些不合口味的猎物时,是否会有所懈怠。科斯特觉得,原始部落的狩猎采集者和我们现代人一样,在作出选择时,他们也会考虑这种猎物是否容易捕获、方便宰杀,以及它的味道是否鲜美,或至少不会难以下咽。[7] 这看似只是小小的区别,但四舍五入就等同于一个显而易见的结论。然而,其他研究猎手选择的科学家并未发觉这一点。科斯特打算采访这些猎手,了解他们对不同猎物风味的评价,而这些将构成一个更大的研究项目。[97]

图 4.2　一位米斯基托妇女正在准备当地的招牌菜，主角是一只无尾刺豚鼠。烹饪方式极为简单，将无尾刺豚鼠连毛带皮一块放在柴火上焖烧即可。这是一种历史悠久的哺乳动物烹饪方式，能追溯到几万年甚至更久以前。

　　科斯特花了一年时间跟踪采访 Arang Dak 和 Suma Pipi 社区的猎手，并咨询这些猎手及其家属，了解他们捕杀和食用动物的经历与体验。在此期间，他对当地的每一种常见鸟类或哺乳动物的美味程度和料理难度进行了评级，这类似于 Yelp 网站的打分机制，只是评分对象是森林（具体分数详见图 4.3）。他还计入了追踪并击杀每种常见鸟类及哺乳动物的难度系数。如果科斯特跟踪采访的猎手采取了"最优觅食"模式，即在狩猎前仔细衡量过猎物所能提供的卡路里和猎捕过程所消耗的卡路里，那么他们就应该优先选择那些好捕杀、易加工、热量高的猎物。在某种程度上确实如此，相比那些藏身隐蔽的小型动物，不善于躲藏且猎杀难度低的大型动物更有可能被端上餐桌。这就是"最优觅食"，或者至少是其中一种情况。但"最优觅食"理论并不足以解释猎手所做的一切决定。

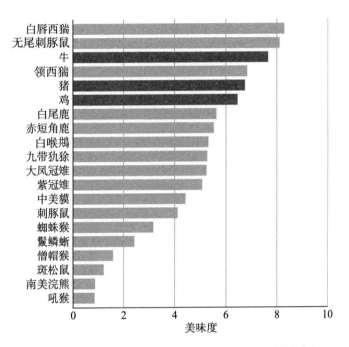

图 4.3　尼加拉瓜的马扬纳人、米斯基托人猎手及其家人对猎物美味度的评分。排名自上而下，从最美味可口的白唇西猯到最难以下咽的吼猴。柱条标黑的物种属于家禽家畜而非美洲本土生物。注意，在当地，某些脊椎动物虽然较为常见，但却不会被马扬纳人和米斯基托人视作食物。这类物种不会出现在图中，比如猫科动物和秃鹫。

猎手会不遗余力地击杀那些他们讨厌的物种，比如美洲狮和豹猫等肉食动物，这主要是为了清除竞争对手。他们会杀死这些猫科动物，但不一定会吃掉它们。[8] 在马丁的过度狩猎假说的背景下，克洛维斯人会主动猎杀食肉动物（部分证据表明他们确实会猎杀剑齿虎和恐狼），[98] 哪怕不打算食用它们，这可能有助于解释大型食肉动物的灭绝速度。但这一切的背后肯定还有更多原因。

科斯特观察到，猎手会抓住一切机会，去追猎那些对他们而言风味极佳的动物。白唇西猯、领西猯（罗布他们在亚利桑那州南部的巴塔哥尼亚小镇见识过这一物种）和无尾刺豚鼠都是备受当地人青睐的美味肉食。一旦发现它们的踪迹，猎手会打起百分之百的精神夫追捕它们。事实也确实如此，尼加拉瓜东部的西猯或无尾刺豚鼠大都面临着地狱级难度的生存考验。鉴于这些物种猎杀难度较低，提供的热量较高（实质上是考虑到"最优觅食"），这一结果也许在意料之中。不过，根据科斯特搜集的信息来看，在追逐这些美食时，猎手似乎表现得格外狂热。有一个物种的待遇与它们截然相反，那就是貘。科斯特发现，猎手并不喜欢追捕貘，即便他们发现了貘的歇脚处。这种动物虽然易于猎杀，热量丰富，但貘肉的味道实在只能算是差强人意（科斯特称它味同嚼土）。

科斯特无法明确证明，相比遵从"最优觅食"模型，猎手更倾向于追捕美味的猎物（证明的过程和结论不够明确，未达到让科斯特及其同事满意的程度）。不过，事实似乎就是如此。而科斯特能够证实的是，猎手通常不会对那些难吃的猎物下手。比如吼猴，这种动物的猎杀难度不高且较为常见，但在遇到它们时，猎手只有 10% 的可能性会去捕杀它们，因为没人喜欢吃吼猴。

科斯特在采访中发现，受访者的食物偏好基本一致，与其对应的后果是，由于当地人无节制的狩猎行为，大部分 Arang Dak 和 Suma Pipi 社区的原住民猎手觉得美味可口的物种的数量都开始锐减。[9] 与之相反，哪怕是在原住民定居点附近，也能频繁看到吼猴出没的身影。那么，为什么对人类而言，无论是在烹饪前还是烹饪后，总有一些物种就是比其他物种更为美味？是什么让我们对西猯食指大动，却觉得吼猴倒人胃口？首先需要注意的是，这个问题的答案非常复杂，它取决于掠食者所属的物种。正如第一章中所述，猫科动物，如美洲豹、美洲狮、已灭绝的美洲拟狮（可能是史上最大的猫科动物，大约有美洲狮的两倍大）和家猫都没有甜味受体。因此，我们几乎可以肯定，猫科动物的肉食偏好与肉质是否鲜甜① 无关。同样，不同种类哺乳动物的苦味受体差异很大，因此，特定猎物是否带有苦味取决于掠食者（某种食肉动物或杂食动物）的味觉受体是否会被该猎物体内的某些化合物触发。继续以猫科动物为例，它们的许多苦味受体都失效了（见第一章），因此，人类尝起来觉得口中发苦的肉类对猫科

---

① 肉的甜味来自葡萄糖、核糖、甘氨酸等；咸味来自无机盐；酸味来自乳酸、琥珀酸、谷氨酸等；苦味来自部分游离氨基酸和肽类（组氨酸、肌酸、肌肽等）；鲜味来自谷氨酸钠及核苷酸等物质。

动物而言并不苦涩。可以想象，作为有着杀戮本能的掠食动物，猫科动物可能并不在意食物的味道，更宽泛地说，它们对风味无感。不过，还是会有极少数水果能入猫科动物的眼，牛油果就是其中之一。在猫科动物看来，牛油果鲜味丰富、软滑弹牙，吃起来和鲜嫩的肉食不相上下。或许正是出于对这种风味的喜爱，在牛油果种植园里，小型猫科动物往往数量众多，它们被这种对自身无益的"肉食"所吸引而聚集于此。[99] 可以想象，每种掠食动物的脑海中都有一串最佳猎物名单，并依据猎物的捕杀难度（"最优觅食"策略）和美味程度对它们进行排名。而我们此处所关注的则是原住民的各种猎物的风味。

熟肉的部分风味源自肌肉中的蛋白质，而肌肉的风味则包含了坚韧饱满的口感和蛋白质中含硫化合物①的香气。遇到那些陌生的肉类时，人们通常会说它们"尝起来像是鸡肉"，这在某种程度上是因为鸡肉的风味宛如肌肉一般寡淡。所以"尝起来像是鸡肉"实际就是"吃上去像是肌肉"。肌肉本身的风味并无值得称道之处，倒是很适合同酱汁、香草、面糊与植物油调和搭配，"君臣佐使"之下能迸发出令人惊艳的味道。[10]

交织在肌肉纤维之间的脂肪和胶原蛋白，以及某些嵌入脂肪分子结构的化合物（它们也少量存在于肌肉和胶原蛋白中），带

---

① 肉香主要源于含硫化合物（二甲基二硫、二甲基三硫、硫醇等）。烧烤过程中，美拉德反应、脂质氧化和硫胺素的降解产生了许多挥发性风味物质，共同赋予了烤肉香气。

来了更为独特、多变、微妙的风味和质地。据科斯特研究，哺乳动物和鸟类的风味之所以不同，在一定程度上与它们的脂肪含量和脂肪中化合物的差异有关。在自然界中，野生动物的脂肪含量与它们的栖息地和生活方式息息相关。植物倾向于以碳水化合物的形式储存能量，尽管与脂肪相比，碳水化合物的能量密度较低，但植物并不在意这一缺陷，因为它们无需移动。[11] 而动物则倾向于将能量转化为脂肪储备，脂肪的能量密度是碳水化合物的两倍（能储存更多卡路里）。在寒潮来临之前，动物需要储存充足的脂肪，以度过难熬的严冬。[100] 当其他条件相同时，水生或半水生动物会比陆生动物储存更多的脂肪（想象一下鲸脂①）。同一物种中，年轻个体往往比衰老个体更为丰满。在季节性环境中，雨季时动物体内的脂肪储备比在旱季时要多。了解不同肉类的脂肪含量差异对于打算进行饮食调控的人而言相当重要，但它无法解释科斯特在热带雨林物种身上发现的差异：这里的动物大多体形偏瘦。

脂肪可以直接食用，也可用于烹饪或发酵。它能从多方面优化食物的风味。脂肪会使食物口感顺滑。当舌头触及和搅动富含脂肪的食物时，那种口感将十分令人愉悦。此外，脂肪中

---

① 鲸鱼皮下面有厚厚的鲸脂，一头120吨的蓝鲸身上可能有40多吨的鲸脂。

的脂肪酸也增添了食物的滋味^①，尽管如第一章所述，这种味道并不鲜美。脂肪的口感和脂肪酸的风味都不能解释科斯特的发现。相反，科斯特认为，动物一生所摄入的各类风味物质会留存在其体内脂肪中，他的观察结果似乎有赖于脂肪捕获风味物质的方式。动物脂肪会包含哪些风味，在很大程度上取决于动物的肠胃和饮食。

一头动物在进食时，食物所含的某些化学物质会在消化吸收后进入它的血液循环，比如食物中的蛋白质、脂肪、糖类以及大量的其他化合物。部分化合物会随脂肪一起堆积在动物体内。如此一来，食物中的化合物分子便与脂肪牢牢结合，整个过程就好比冰箱里的蓝纹奶酪或半个洋葱和敞开盒盖的黄油块串味了。那些化合物分子存在于生肉之中，放入口中后，我们能通过鼻后嗅觉感知到它们。但在烹饪后，这些分子参与了复杂的化学反应，生成了大量其他化合物，而其中许多尚未得到充分研究，研究者对它们知之甚少。这些化合物的香气不仅对人类十分关键，对包括犬类在内的肉食动物也很重要。[101]

至少根据人们的观察，不同物种的生活方式不同，其体内脂肪包含的风味也千差万别。肉食动物的猎物一般不会带有古怪少见的化合物。而且肉食动物大多体形瘦削，缺乏能与那些化合物

---

① 富含油脂的食物会带有"油脂味"，一些学者认为这可能是"第六种味觉"，它的化学源头是非酯化脂肪酸，但这种滑腻的味道并不只会带来美好体验，非酯化脂肪酸超过一定浓度（因人而异），就会让人恶心反胃。

分子结合的脂肪。因此，大部分肉食动物尝起来就像是烤低脂牛臀肉或其他纤维粗大的肉类（通常都很耐嚼），除非它们吃了一些风味特别冲的食物（比如蚂蚁），那样一来，我们就会在它们的肉中尝出这些风味。[12]

杂食动物（如西貒、熊等）和草食动物的情况更加复杂。它们的肉质受到所吃食物的风味，以及肠胃对产生风味的化合物的处理效率的影响。一般而言，在消化食物和代谢毒素方面表现出彩的物种，其肉质往往没有那么可口，滋味也不怎么受地域差异和季节变化影响。猎手发现杂食动物和草食动物，就像我们看到路边烧烤摊一样，有一些愉悦，因为它们的味道确实不错，但很少会有惊喜的感觉。反刍动物的肉质风味大多如此，例如野牛、奶牛、山羊、鹿和长颈鹿等，这些草食动物拥有多个反刍胃，进食的草料会在不同胃室之间不断流动并缓慢发酵。这些反刍动物胃中的微生物会将植物中的碳水化合物和毒素分解成脂肪酸。这些脂肪酸会让动物的脂肪沾上一种微妙的风味，但效果并不明显且通常让人难以言表。有些厨师表示反刍动物的肉自带一股"青草味"或一丝"若有若无但并不令人生厌的臭味"。鹿就属于反刍动物。马扬纳人和米斯基托人的食谱上有两种鹿，依据他们的评分，这些原住民的确把它们当作美食，但距离无上美味还是存在一些差距。

消化食物和代谢毒素能力较差的动物，它们的肉更有可能携带它们吃过的食物的风味。这些动物包括具有后肠（消化系统中于胃之后出现的肠道）的物种、具有小前肠（食物在其中停留时间太短，无法完全分解）的物种，以及其他特例。如果这类动物的食物带有令人愉快的风味，比如水果的和根茎的，那么它们的肉里往往也会带有这些风味。丹麦鸟类学家乔恩·菲耶尔萨（Jon Fjeldså）[1]认为，不同物种的风味差异"反映了它们的饮食"。以水果为食的猴子和野猪就是典型案例。[102] 马也是如此。按照莫泊桑的说法，"所有（它们）吃掉的食物精华"已经将马肉腌制入味。[103] 那是一种风土气息，在粗犷的草原风味之中，食客能品尝到马儿从出生到死亡的一切，这无疑是一次富于细节、历史和背景的风味享受。

　　猎手和牧民大多深谙此道，为了获得一系列梦寐以求的风味，他们对各类物种的最佳狩猎季和狩猎点了如指掌，也知道如何凸显某一地域和特定时节的专属风味。借住期间，加里·纳卜汉就曾和我们提到，在黎巴嫩，"夏天，牧民会在山上放牧羊群，到了秋天，肥美的羊肉会自带百里香和扎阿塔尔[2]的风味，西南部的印第安纳瓦霍族人喜欢猎捕以三齿蒿（拉丁学名：*Artemisia tridentata*）为食的动物"。菲耶尔萨教授也写道，处理松鸡或雷鸟，"应当先在屋檐处挂上几周，然后再褪毛清洗干净，这样一

<hr />

[1]　乔恩·菲耶尔萨，哥本哈根大学教授，动物博物馆鸟类收藏馆馆长，关注鸟类保护战略和生物多样性数据库的建立。

[2]　扎阿塔尔，中东特色香料，其历史可追溯到公元1世纪，成分包括百里香、叙利亚牛至、盐肤木果、马郁兰等。

来，它们所食用的蓝莓、各种作物种子和嫩芽的风味就会在肉质中扩散开来，这是自然的一种绝佳腌制手法"。

马扬纳人和米斯基托人所爱的肉食大多来自那些喜欢美食的物种，而它们的肉也沾上了这些食物的风味。他们将以根茎、水果和种子为食的白唇西猯和领西猯视作最美味的野生哺乳动物。全美洲的猎人都认为西猯是一种很棒的猎物，特别是当它们食用了某些植物球茎后，肉中会自带少许葱香或野生风信子的风味。出于同样的原因，坦桑尼亚的哈扎族狩猎采集者觉得疣猪（西猯的远亲）十分美味。如果疣猪长期进食野姜根（它们经常这么做），它们的肉就会沾上一股野姜根的辛香风味。[13] 在 18 世纪的法国，野猪肉被奉为绝顶佳肴。据说，野猪肉的独特味道源自它们的野性和胆魄，越凶悍的野猪，肉也就越美味。

无尾刺豚鼠这种杂食动物也很对马扬纳人和米斯基托人的胃口。这种啮齿动物可以长到猫的大小，它们主要以根茎、水果和坚果为食，偶尔也会捕食一些昆虫当作小点心。无尾刺豚鼠的肠道较短，结构简单，又喜欢大量进食水果，因此，它的肉带有美妙的果香，深受马扬纳人和米斯基托人的追捧。不仅原住民为这种美食着迷，查尔斯·达尔文也曾对无尾刺豚鼠（或它的近亲刺豚鼠）赞不绝口，认为那是他吃过的最棒的烤肉（他也很喜欢犰狳）。[104] 非洲没有无尾刺豚鼠，但却有饮食习惯与无尾刺豚鼠相仿的非洲小羚羊，这种小型反刍动物的肉同样备受当地人的青睐。

在所有灵长类动物之中，最为美味的是那些以水果为食的灵长类，比如美洲蜘蛛猴和非洲长尾猴等，所以，目前它们在许多国家都十分罕见。博物学家亨利·贝茨（Henry Bates）[①]称蜘蛛猴是他吃过的"风味最棒"的肉类，其肉质类似牛肉，但味道较为鲜甜，口感层次更加丰富。马扬纳人和米斯基托人也抱有同感，相比当地的其他猴类，蜘蛛猴的味道确实还算不错。

　　有些动物能从食物中摄取芳香物质，使它们的肉带上美妙的风味，而另外一些则会沾染上不好的风味。一般而言，草食动物或杂食动物的食物香味越淡，其自身的味道就越差。菲耶尔萨称，夏秋时节的松鸡或雷鸟有一股美妙的香气，而在冬季，它们却带有松脂味，因为在食物匮乏的冬季，它们只能啄食树脂木和灌木。与之相似，那些以化学防御[②]相对较强的树叶（草类的化学防御较弱）为食的热带动物，往往味道不佳。正是因为这一点，马扬纳人和米斯基托人才会讨厌那些以树叶为食的物种，比如吼猴。[105]14 这些动物的肉中带有它们所吃树叶中的苦味化合物的味道和风味。所以，吼猴能成为美洲地区的日常禁忌物种之一可能并不是巧合。忌讳某种从一开始就没人想吃的物种是件很正常的事。和马扬纳人和米斯基托人一样，整个美洲地区都厌恶

---

① 亨利·贝茨（1825—1892），英国博物学家和探险家，达尔文的好友。
② 植物在进化过程中，针对昆虫、病菌和植食性动物形成了多种防御机制，比如尖刺、刺毛、锯齿、硬壳和蜡质层等物理防御，以及分泌抗菌素或毒素、降低自身营养价值、提升消化难度等化学防御。

吼猴，在原住民的猎物美味度排名中，吼猴是最糟糕的猎物。

总体而言，动物的肠胃和饮食对它们的肉的风味的影响似乎足以解释马扬纳人和米斯基托人对肉类的偏好，比如他们为什么喜欢西猯、无尾刺豚鼠和蜘蛛猴，却讨厌吼猴。研究数据显示，美洲热带地区原住民的口味偏好似乎差异不大。即便是那些早在数千年前就与马扬纳人和米斯基托人分道扬镳的族群也是如此，比如生活在厄瓜多尔东北部的华拉尼人（图 4.4）。华拉尼人的猎物偏好排序与马扬纳人和米斯基托人的猎物美味度排名几乎一致。其他热带地区的数据不足，但图像分布往往与之相似。我们可以合理推测出哪些物种更加美味，这些物种往往也越来越稀少（极少有例外），甚至因为味道鲜美而濒临灭绝。

根据对现代猎手思维习惯的认知，我们可以重新审视克洛维斯人的故事。不过在此之前，我们得先承认这种推论确实存在一定的局限性。比如，关于猎手对特定肉类的偏好，我们最了解的观察对象是热带地区的猎手和狩猎采集者。克洛维斯人的居住环境则多种多样，从温带雨林到温带落叶林，都有他们的身影。而在史前的北美洲，克洛维斯人大部分的活动区域应该是气候凉爽、水草丰沛，点缀着一丛丛树木的广袤草原。不幸的是，关于生活在凉爽气候中的现代狩猎采集者的口味偏好，目前尚缺乏充分研究。另一个局限与肉类的制作方式有关。大部分情况下，克洛维斯人会选择生火烤肉，这样可以突出肉类本身的风味。但他们也可能会采用其他料理手段，比如发酵、风干或长时间的炖

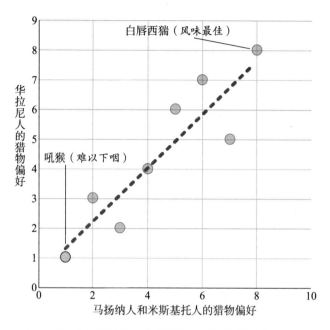

图 4.4　尼加拉瓜的马扬纳人和米斯基托人对特定猎物的偏好与厄瓜多尔的华拉尼人的偏好存在相互关联。上述两个群体在文化、语言或近现代史方面几乎没有共同之处，但是他们都认为，西猯和无尾刺豚鼠的风味极佳，而吼猴则是最差劲的食物。

煮。厨师金·韦金多普（Kim Wejendorp）告诉我们，年长的动物虽然大多肉质较为坚硬（不推荐使用烧烤手段），但往往风味繁复，特别适合炖煮。因此，如果克洛维斯人掌握了小火慢炖的烹饪技巧，那么除了适合烧烤的肉类外，他们可能还会喜欢上其他肉类（比如年长动物的肉）。但目前还没有证据表明克洛维斯人懂得水煮或炖汤。考古学家没有发现克洛维斯人用于研磨、加工食物的石器或是盛放液体的容器，也没找到其他料理手段的存在痕迹，但也有可能是因为他们使用了一些难以长期保存的容器来烹饪食物，比如兽皮，所以考古发掘才一无所获。此外，不同文化，乃至同一文化的不同个体之间，都有可能存在不同的肉类偏好和加工方式。对于热带居民而言，不同地区的肉类偏好似乎较为相似，但对于克洛维斯人来说，事实可能并非如此。例如，生物行为学家（也是美食爱好者）卡洛斯·马丁内斯·德·里奥（Carlos Martinez del Rio）在阅读本章时指出，一些动物虽然属于反刍动物（前文中提到反刍动物的风味不算上佳），如叉角羚，却肉质鲜美，风味浓郁。但他同时很快指出，他的妻子玛莎并不喜欢叉角羚的风味。最后，虽然许多文化偏爱脂肪丰富的食物以及肥肉丰润的口感，但《最初的美洲佳肴》（*America's First Cuisines*）一书的作者索菲·科（Sophie Coe）发现，[106] 在沦为殖民地前，美洲有不少玛雅人和阿兹特克人对欧洲殖民者在烹饪时使用脂肪的行为十分厌恶，他们受不了这种肥腻的风味。另一方面，许多居住在美洲北方偏远地区的原住民在饮食中则严重依赖脂肪，甚至是发酵的脂肪。所以说，谜团依然存在，并且数量不少。

考虑到以上局限和谜团，我们可以先行假设，克洛维斯人能注意到不同食物的风味各异，会在意食物的风味，并形成了对某些风味的偏好。这种可能性似乎显而易见，但又鲜有提及。我们接着进一步假设，克洛维斯人可能已经满足于反刍动物，比如宽额野牛的肉，这类物种虽然能让他们愉快地饱餐一顿，但肉的风味往往有些清淡。克洛维斯人可能更喜欢非反刍动物的肉，特别是那些以水果和根茎为食而很少食用树叶的物种。活跃在克洛维斯时代的亚利桑那州的众多生物之中，有一部分在不同程度上符合上述条件，它们包括哥伦比亚猛犸象、美洲乳齿象和嵌齿象。这些都是非反刍动物，以水果、草类为食（猛犸象），或在气候寒冷时大多以树叶为食（美洲乳齿象）。哺乳动物学家乔安娜·兰伯特（Joanna Lambert）[①]曾告诉我们，美洲乳齿象所食用的树叶很可能是将鞣质[②]作为防御手段，而未采用毒性更大的化学防御措施。鞣质类化合物是植物体内的一种万能防御物质，广泛存在于葡萄皮、橡树叶等多种植物的各个部位之中。它会与动物口腔中的蛋白质（比如保持唾液湿滑的蛋白质）结合并使之沉淀，让自身尝起来有股"涩味"。这种物质会让人不由得皱眉，甚至面目扭曲。但与那些效果更强的植物化学防御机制不同，鞣质最终往往不会累积在动物体内。简而言之，考古记录中克洛维斯人所狩猎过的大型动物可能都非常美味。（大型掠食者和食腐动物例外，它们可能相当难吃。[15]）

---

① 乔安娜·兰伯特，科罗拉多大学博尔德分校的生态学与进化生物学教授，关注人类与动物的互动和共存，从行为生态学角度研究野生动物如何适应在人类活动影响下飞速变化的世界。

② 鞣质又称单宁，大约70%的天然植物体内存在这类多元酚类化合物，它会与蛋白质结合成不溶于水的络合物，可破坏口感，避免被食用。由于能用于鞣皮（与兽皮中的蛋白质结合使皮成为柔韧致密的革），故得名"鞣质"。

克洛维斯人不仅懂得选择猎物，还会对食用的部位挑挑拣拣。他们只享用最心仪的部分，剩下的直接丢弃。[107] 肉的色泽决定了特定肉块的风味。这主要取决于动物的这块肌肉的运动程度和运动方式。有些肌肉适合进行爆发力强的快速运动。以亚利桑那州南部的鹌鹑为例，一旦受惊，它们就会像一阵风暴一样从灌木丛中穿射而出。它们的速度极快，飞行距离却很短。为了实现这种爆发，鹌鹑翅膀上的肌肉纤维需要快速收缩，而它的能量来源就是储存在肌肉中的肌糖原。在体内氧气充足时，快速收缩的肌肉能够充分"燃烧"糖原产生能量，直到氧气耗尽。[16] 就其风味而言，快速收缩的肌肉在各方面都表现平平。它属于白肌，为下一次肌肉爆发而准备的糖原会让这一处肌肉带有一丝鲜甜。相较于其他部位，猛犸象的腿部肌肉就是白肌，它主要由快速收缩的肌肉纤维组成。而慢速收缩的肌肉则往往带有脂肪，这些脂肪可以支持长时间的运动，比如站立和缓慢行走，并在这一过程中逐渐转化为能量。慢速收缩的肌肉属于红肌。来自不同地域和各个时代的许多族群都偏爱食用红肌，克洛维斯人可能也是如此。猛犸象身上色泽最红润的肌肉应位于背部（肋排）、肩颈（肩肉），甚至足部。

但猎物可食用的部分不只包含肌肉。一些研究者推测，对克洛维斯人而言，猎物的肠胃可能也是一道美食。许多文化都很喜欢内脏器官的风味，所以克洛维斯人也可能吃过动物肠胃。这是一种有益健康的饮食习惯。包括人类在内的许多动物都会因为摄

图 4.5　猛犸象肉排分切图。

入过多蛋白质而出现各种健康问题。食用动物的肠胃可帮助克洛维斯人免受这些问题的困扰，因为肠胃和肠胃内半消化的食糜中，蛋白质的含量相对较低，而富含维生素、脂肪和碳水化合物。在欧洲人殖民美洲的时代，食用肠胃（gastrophagy）的现象在美洲原住民之中十分普遍。全球各地的狩猎采集者和原始农耕族群都有这种习惯。对于动物的肠胃及肠胃内半消化的食糜，他们采取的处理步骤可以很简单，甚至会直接生吃，但也可以很复杂，比如清洗、烘烤甚至发酵。[108] 我们有充分的理由相信克洛维斯人也会对着猎物的肠胃大快朵颐，而这些史前巨兽硕大的肠胃正好能满足他们的需求。

　　所有这一切共同绘制了一幅气势恢宏的史前画卷。高大威猛的哥伦比亚猛犸象和美洲乳齿象成群结队，轰隆隆地碾过草原，嘹亮的象鸣回响不绝，它们在此交配，四处觅食。这些动物以水果、坚果和化学防御较弱的树叶为食，它们的肉因而沾上了绝佳的风味，带有肥美的口感。这在部分程度上是假设，但又不完全是假设。

哥伦比亚猛犸象、美洲乳齿象和嵌齿象都是大象的近亲，它们同属长鼻目动物。除了体形大小之外，[17] 这些物种在脂肪和肌异也不大，而它们之间存在的少许的生物学差异主要归差异。长鼻目动物的风味大体相似，只是会有些许这样的不同。例如，佛罗里达州的乳齿象似乎多以各类水果、坚果及柏树叶为食，因此它的肉会带有一丝药草味和坚果香。生活在其他地区的乳齿象也有各自的食谱和风味。而猛犸象则更喜欢吃草。不过，总体而言，业已灭绝的长鼻目动物可能与现存的各种大象味道相似。这个猜想意义非凡，基于对现代大象风味的了解，我们可以取得许多收获。

近期，特拉维夫大学的哈加尔·雷谢夫（Hagar Reshef）和他的导师拉恩·巴凯（Ran Barkai）教授围绕大象对于旧石器时代活跃在欧洲和中东的古人类的重要性展开研究，得出结论：大象一直以来都是人类的美食。[18][109] 或者，至少大象（无论是亚洲象、非洲草原象还是非洲森林象）的某些部位确实属于珍馐美味。现在，猎杀和食用大象都是违法的，但过去并非如此。雷谢夫和巴凯指出，肯尼亚东部的利安古拉族（Liangula）① 狩猎采集

---

① 这个部落的猎人会定期使用长弓狩猎大象，尤其喜欢食用大象幼崽。

者和南苏丹的努尔人（Nuer）都将大象视为顶级美食。根据利安古拉族人和努尔人的说法，大象肉质鲜甜，肥美可口。

当然，大象某些部位的味道比其他部位更胜一筹。比如，猛犸象生物学家加里·海恩斯表示，大象的臀肉很有嚼头，而雷谢夫和巴凯则指出象足可能是种很棒的食材。博物学家塞缪尔·怀特·贝克（Samuel White Baker）就记录过象足的料理方法：

> 火候恰到好处之时，象足底部就宛如鞋子一般裂出晶莹的肉，只要淋上少许油醋，再撒上适量的椒盐，这道美食就大功告成，大约可供五十人同时享用。[19]

这道菜与广东传统名菜"猪脚姜"有些类似，那是一道为庆祝添丁而特意准备的美味佳肴。与象足料理的食谱类似，"猪脚姜"的原料也包括醋（黑醋）、油（芝麻油）和蹄子（猪脚）。不过，这道中国菜还额外添加了糖和生姜。按照这种做法，多了一丝辛辣与甜味的象足料理或许会更加美味。

弗朗索瓦·勒·瓦扬（Francois Le Vaillant）[①]与塞缪尔·怀特·贝克有着相似的经历。在19世纪，弗朗索瓦·勒·瓦扬与

---

① 弗朗索瓦·勒·瓦扬（1753—1824），法国博物学家、鸟类学家、探险家，是最先使用彩色图版展现鸟类的人士之一，发现并命名了诸多鸟类。

科伊桑族（Khoisan）^①的狩猎采集者分食了一头非洲森林象，他表示自己"无法想象一头如此笨拙而粗犷的巨兽怎么会有这般鲜嫩的肉质"。和贝克一样，瓦扬也专门描述了象足料理。"我狼吞虎咽，没有就着面包，便把我的那份象足吃得一干二净。"象足上既有结实的肌肉，也有肥美的脂肪。肌肉属于骨骼肌，由于大象需要长期步行，这里的肌肉是富含脂肪的红肌，脂肪则聚集在脚趾下方的脂肪垫，这个部位能帮助大象保持平衡并探测振动。^②

古人类可能也享用过象足。在希腊的一个距今约 50 万年的遗址中，考古人员发现了一头大象的残骸，它的一只脚上留有石器砍砸的痕迹。[110] 在近年于意大利发现的尼安德特人遗址 Poggetti Vecchi 中，古生物学家发现了许多大象的骨骼，并在四周找到了尼安德特人的工具，包括割肉的石质刮刀和用于挖掘的木棒，但没有发现狩猎长矛。可是，这些大象身上留有屠宰的痕迹，而工具也有切割过动物组织的迹象。此外，耐人寻味的是，大象的肋骨和脚骨都消失不见了，就像是专门分割下来，准备带走享用一般。[111] 这种屠宰分割手段并非尼安德特人的专利。在新墨西哥州克洛维斯镇发现的第一处克洛维斯遗址中，某位研究者发现了一只被肢解了的猛犸象足。他在论文中指出，克洛维斯

---

① 科伊桑人是赤道人种的一个古老支系，作为非洲最古老的民族之一，其历史可追溯到旧石器中期，主要分布于博茨瓦纳、纳米比亚和南非境内，以狩猎采集为生，有本民族的语言。

② 大象脚上有极度敏感的神经末梢，可以接收到地面传来的信息，感知到数千米内其他大象的脚步声。

人的这种做法显然是"为了取下象足底部富含脂肪的肉垫"。[112]

长鼻目动物的美味备受雷谢大和巴凯的推崇，但也产生了于它们不利的后果。它们极致的美味简单明了地解释了为什么克洛维斯人会在这些史前巨兽日渐稀少时，仍旧对它们穷追不舍，直至将其猎杀殆尽。长鼻目动物作为极品美味，值得长时间的追猎，即便狩猎结果并不理想。远古时期的狩猎采集者也会去追寻愉悦，甚至在这一过程中不遗余力。艺术创作能带来愉悦感，我们假定美食也会如此。这些狩猎采集者有着与现代人一样的舌头、鼻子和大脑，因而，也拥有许多相同的欲望。

想象一下，在史前的新墨西哥州克洛维斯和亚利桑那州巴塔哥尼亚所在地及其周边地区生活着一群克洛维斯人，他们既是诗人，也是美食家。他们狩猎、采集，用双脚丈量世界。暮色低垂，克洛维斯人会围坐在火堆旁，分享各自的故事与经历，比如惊心动魄的冒险，或是感动人心的瞬间，有些可能讲得活灵活现，有些则只能催人入睡。他们在清晨和夜晚开饭，吃着采集到的零碎的植物叶片和种子，运气好时，也许还有加餐，比如配上野生蜂蜜或水果的猛犸象足。有时他们的伙食不错，有时则不然。负责烤肉的克洛维斯人有的厨艺精湛，有的则笨手笨脚。觉得食物美味可口时，他们就会关注、提及、谈论这顿美餐。他们甚至可能这样交流："你们还记得吗？那个秋天，当太阳落山的时候，我们在山上吃的烤猛犸象配朴果。"其他的克洛维斯人连连点头，纷纷陷入回忆，直咽口水。数十万年间，世界各地的古人类在谈论美食时的表现如出一辙，一如我们这些现代人。

在想象这些场景，以及思考狩猎采集者、人类饮食和娱乐活动的历史时，我们想起了位于法国多尔多涅的一个古老遗址，狩猎采集者曾在那里猎杀史前巨兽。现在的多尔多涅和与之相邻的卡奥尔是法式豆焖肉和数十种口味独特的奶酪的发源地，远近闻名的松露之乡，盛产以"复杂性"①著称的红酒。而在史前时期，多尔多涅这片土地上发生了许多人类与美食的故事。在多尔多涅的莫斯特小镇，人类首次发掘出尼安德特人的骸骨。考古学家将30万年前到4万年前（尼安德特人走向灭绝）尼安德特人用于处理食物、捕杀猎物的石器命名为"莫斯特石器"，他们创造的文化也被称作"莫斯特文化"。克罗马农人的发现地点也是在多尔多涅。地质学家在一处石灰岩悬崖石窟内发现了几具早期人类的骨骼化石，在当地欧西坦语②中，cros 意为"洞穴"，加上遗址又位于马农家族（Magnon family）的领地之中，这种晚期智人因而被命名为"克罗马农人"（Cro-Magnon）。[20] 大约4万年前，正是在多尔多涅地区，这些克罗马农人在洞穴群的岩壁和顶部绘制了诸多瑰丽的杰作。

这些古老的洞穴壁画颇有几分抽象派的特色。一个个月亮

---

① "复杂性"是葡萄酒品鉴术语，指一款红酒在不同时刻会呈现出不同的新奇且令人惊喜的风味。

② 欧西坦语（Occitan）属于印欧语系罗曼语族，主要通行于法国南部、意大利阿尔卑斯山山谷等地。

般的圆圈，成排的小点，无序的线条连接着大大小小的方块，还有许多手印。所以说，画家马克·罗斯科（Mark Rothko）[①]和杰克逊·波洛克（Jackson Pollock）[②]并没有发明抽象艺术，他们只是重现了它。这些抽象绘画一直存在于旧石器时代的艺术作品中，[21]但随着时间的推移，克罗马农人逐渐倾向于描绘特定场景，比如捕食猎物。这些写实的岩画几乎不包含小型猎物，如鱼类或兔子，也很少出现人类（画面中的人类往往线条十分简单，而且往往带有某种魔幻特征）。克罗马农人从不描绘植物，哪怕是可食用的植物，比如浆果或香草。但他们非常喜欢描绘大型猎物，比如驯鹿、马、野山羊和猛犸象。克罗马农人会画出这些物种中体形最大的个体，即使在那个时候，这些物种已经因为过度捕猎和气候变化的双重作用而极为罕见。

在洞穴壁画中，大型猎物通常与其幼崽同时出现。当我们看到壁画中的这些动物幼崽时，不由得因其写实感而深受震撼。我们被深深触动（或至少能够理解画作传达的感情）。母猛犸象和小象们结伴的场景让我们想到自己和孩子。但这也许并不是创作者的本意。我们可以通过欧洲最古怪的两幅洞穴壁画了解克罗马农人的真实想法。一幅位于多尔多涅地区，就在我们探索的鲁菲

---

① 马克·罗斯科（1903—1970），美国抽象派画家，是抽象派运动早期领袖之一，作品一般由两三个矩形色块构成。

② 杰克逊·波洛克（1912—1956），美国抽象表现主义绘画大师，擅长使用"滴画法"，即通过反复的无意识动作将颜料滴溅在画布上。

尼亚克洞穴距离洞口 1 千米左右的水平巷道，画上是猛犸象群与一头小猛犸象。这头幼崽的象足大得出奇。另一幅在肖维岩洞，它与前一幅十分相似，但年代却要早上整整 15 000 年。这幅壁画描绘了一只长着巨足的小猛犸象，身型比例夸张得有些荒唐可笑。虽然这两幅洞穴壁画之间的时间跨度，比我们与最后一头猛犸象之间的时间间隔还要漫长，但它们的内容却几乎一模一样。

关于这些壁画中异常之大的象足，专家给出的标准解释是，史前艺术家们不仅想要展示自己的猎物，还试图记录它的脚底形状和留下的脚印。当然，也有可能是这两幅不寻常的猛犸象幼崽壁画的作者，属于那种学艺不精的美术生。"你懂的，某某就是画不好脚，愿神保佑他！"另一方面，夸张的画技也可能是对神灵的恳求与祈祷：神啊，愿您再赐予我们一头长有美味大脚的猛犸象幼崽。肖维岩洞的古人类得到了诸神的回应。在那个时代，猛犸象是他们篝火上的常客。但到了鲁菲尼亚克洞穴的住客所处的时代，猛犸象已然濒临灭绝。无论他们绘画时多么虔诚恳切，都只是白费功夫。

洞穴艺术家之所以用心描绘猛犸象足，就是因为它们美味可口——这个判断可能略显牵强。但从壁画中不难看出，这些以史前巨兽为模特的画家懂得哪些食物美味可口，哪些食物滋味欠佳。他们喜欢猛犸象足的风味，即使这不是他们画它的原因。最后，关于风味和史前巨兽，我们并不是说风味是美洲原住民猎食某些物种的全部原因，也不认为是风味决定了这些物种何时以及为何灭绝；在我们看来，文化对可食用物种的忌讳、偏好，以及不同物种的捕猎难度差异都很重要。我们认为，在几乎所有对猎手，尤其是狩猎采集者作出或作过的猎物选择进行的讨论中，无论研究对象是尼加拉瓜的米斯基托人、史前北美的克洛维斯人，还是尼安德特人，我们都忽视了风味的存在。将风味纳入考虑范围后，关于他们作出和作过的猎物选择，我们的观点有所改变。[22]在思考猛犸象的命运时，史前狩猎采集者的风味偏好起了重要作用，而在思考水果的命运时，猛犸象的风味偏好则十分重要。[23]

第五章

果实的诱惑

自从夏娃吃了苹果，世间还有什么比饮食更为重要？

——拜伦勋爵（Lord Byron）

《唐璜》（Don Juan）

苹果落地之处，离树必不远矣。①

　　从烹饪的角度来看，史前巨兽的灭绝之所以备受关注，是因为它们的退场让人类的食谱缺了一页。但史前巨兽对人类饮食的影响并未完全消失，而是经常出现在水果沙拉之中。当你一口咬在芒果或是梨子上，你就进入了一个以灭绝和风味为主角的复杂故事。故事集合了世界上最肥、最甜、最大、最香的那批水果。这个故事以史前巨兽的风味偏好为序幕，用我们所喜欢的风味来

---

① 谚语"The apple doesn't fall far from the tree"的实际含义类似于"有其父必有其子"，但原文所指的，是那些原本给巨兽享用、现在却无人问津、只得落在母株之下慢慢腐烂的硕大果实。

收尾。

对果实的喜爱就藏在我们的语言词汇之中。努力拼搏后取得了许多成就，我们称之为"硕果累累"（fruitful）；如果顺其自然，事业水到渠成，就叫作"果实随风而落"〔a wind fall（of fruit）〕；若是劳而无功，便是"无果而返"（fruitless）；假使对某人而言功名利禄唾手可得，即为"果熟枝低"（its fruit is low-hanging）。另一个例子是"天堂"（Paradise），这个词源自波斯语，意思是一块"围墙内的土地"，而在希伯来语中，"围墙内的土地"（enclosure）的同义词为"果园"（orchard）。因此，"天堂"其实也是一个"果园"。无论生长于果园还是荒野，植物果实都在朝着同一方向不断进化，那就是吸引动物采食，以便将种子散播到更加肥沃的土地。苹果从未打算引诱夏娃犯下原罪，而是打算像芒果、桃子和番石榴一样诱使她吃下果实，并把种子带往别处（在她清空肠胃后）。夏娃屈从了果实的诱惑，她"种下"了一棵小树，还为它备好了肥料。

借助动物肠胃散播种子，这种"赌博"似乎并非明智之选，但一切尽在果树的掌握之中。动物吞下的种子将在新的沃土生根发芽，而落在母株下的种子则前途昏暗。母株吸收了土壤中大多数的营养物质，幼苗的根系只能找到一些残羹冷炙。此外，生长在母株之下的幼苗也更容易遭受母株携带的病菌和害虫的侵扰。把种子包裹在果实内可有效避免母株与自身后代形成竞争，提高幼苗的成活率。[1]

果树等植物掌握了一些诀窍，以诱使动物帮忙散播种子。首先，植物必须迎合特定物种的喜好，向远方的它们发出召唤——"快来这里！"接着，一旦动物靠近，植物就要更加卖力地引诱它们——"吃了我！"最后，果实必须美味到让动物刚咬住果实便迫不及待地吞下它。[113]绝大部分植物已经进化出了相应的能力，它们靠醒目的颜色远远地吸引动物的注意，在近处用香气勾起对方的食欲，然后交由风味实现一锤定音。不过，这些引诱手段代价不菲。为了子孙后代，植物必须做出一定牺牲，它们需要付出部分碳水化合物、脂肪和蛋白质，去犒劳那些帮助散播种子的动物。因此，植物果实只会产生所需的风味，绝不浪费一丝资源。如若可行，植物甚至会欺骗动物，比如第二章中提到的非洲灌木伯拉氏瘤药树，动物能享受它甜美的果实，却未曾从中获得任何能量。

　　在自然界中，果实是少数几种专为吸引其他物种而进化得美味可口的事物。当然，由于针对的物种不同，果实引诱动物的手段各异。诱饵必须迎合目标物种。鸟类会被艳丽的色彩所吸引，一些水果就进化出与其周围环境形成鲜明对比的色彩，让鸟类更容易发现它们。[114]这类水果大多呈红色，如冬青浆果、樱桃、红醋栗或蔷薇果；当然，也可能是青色的。哺乳动物不怎么在意果实的颜色（很多它们爱吃的水果呈绿色乃至棕色），它们喜欢的是带有果香、肉质肥厚的水果。至少在某些地区，迎合哺乳动物风味偏好的水果会在生长成熟、可以食用时合成更多芳香物质。熟透的香蕉和桃子仿佛在向动物招手："快来我这儿呀。"蝙蝠喜欢果实中萜类化合物①及含硫化合物②的气味，这些能指引它们在黑暗之中找到水果，所以比起其他哺乳动物，蝙蝠更不关注水果的颜色。蚂蚁更喜欢个头较小、肉质肥厚的水果，有时还会陶醉于带有怪异腐肉味的水果。果实的进化有一定的倾向性，但并无普遍规律，尽管如此，我们仍然可以通过观察和嗅闻商店里的水果，来推测它们在野生环境下的状态。如果咬上一口，还能了解到更多信息。[115]一些研究水果和种子的生态学家将果实吸引动物的基本方式划分到"扩散综合征"③之中，它描述了那些有着特定种子扩散模式的果实通常会表现出的一系列属性。²

在探索植物用果实引诱动物的诸多方式时，丹尼尔·詹曾（Daniel Janzen）④遇到了一种不可思议的植物，这棵树结着硕大而芬芳的果实，明摆着是在推销自己。然而，即使熟透了，这些果实仍旧挂在树上，无人问津。没有动物会为它们动心。整个故

---

① 萜类化合物分子的基本单元为异戊二烯，它是植物的香精、树脂、色素的主要成分，多存在于中草药、水果、蔬菜以及全谷物中，例如柑橘类水果、芹菜、胡萝卜、茴香等。
② 植物体内的硫元素有无机硫酸盐和有机硫化合物两种形态。
③ 扩散综合征（dispersal syndromes），指与扩散单元不同散布机制相联系的植物果实或种子的形态特征、化学特性和物候特点的综合特征，这些特征主要取决于不同的传播媒介，如风力、水力和动物。
④ 丹尼尔·詹曾，宾夕法尼亚大学教授，进化生态学家，关注生态过程中动植物的相互作用，特别是"捕食者饱和效应"，比如鲑鱼大规模洄游、橡树同步开花结果，都是通过喂饱捕食者来保证后代的存活率。

事缺失了一个关键角色：负责散播种子的动物。

我们曾拜访丹尼尔一家，他和妻子温妮·哈尔瓦克斯（Winnie Hallwachs）① 每年有一半时间住在哥斯达黎加（另一半时间待在费城）。³ 他们的房子位于哥斯达黎加的热带旱地森林。在前门我们遇见了温妮，她说丹尼尔就在屋后，于是我们沿着小路继续前行，很快，丹尼尔出现了。他正打着赤膊，皮革般粗糙的肌肤上散布着几缕猿猴毛似的软毛，头上还围着一圈白发。当我们打量他时，几只蝴蝶正围着他转圈。他就像是某个丛林之神用黏土混着树叶捏制的造物。他一只手提着装有一些标本的袋子，另一只手则在不断打着各种手势。丹尼尔一边比画手脚，一边向我们介绍这片丛林，深刻的观点层出不穷。这样声情并茂的论述风格一路伴随他的研究生涯，他的观点也重塑了我们对世界的总体认知，特别是对果实及其风味的理解。

我们来访的这年，詹曾教授已有 79 岁高龄。几十年间，他发表了诸多论文，阐述各种新颖观点。例如：细菌会主动释放腐烂气味，让哺乳动物远离自己所占据的尸体；[116] 雨林中的一些树木进化出了便于蝙蝠定居的空洞，以获得蝙蝠粪便这种上好的肥料；[117] 热带森林的植被多样性离不开食草动物和寄生虫的贡献，它们阻止植物在其母株附近生长，避免某些植物成为群落中

---

① 温妮·哈尔瓦克斯，宾夕法尼亚大学的热带生态学家，推动了哥斯达黎加西北部瓜纳卡斯特自然保护区的建立。

的优势种①。[118] 不过，最让我们感觉醍醐灌顶的，还是他关于那些不受动物青睐的水果的观点。

詹曾教授所生活的森林提供了各类香气、味道、声音等感官体验。这是一处众生皆为食物，万物皆有一死的森林，在其间却找不到两个进食或死亡方式完全相同的物种。这是一座生活着僧帽猴和吼猴、蜘蛛猴与蜘蛛，以及数十万或是数百万个不同物种的森林。这是一片美不胜收的森林，所以就算忽略一些细节也是可以原谅的。然而，詹曾教授并未错过那些细节。他将其收集起来，充分利用它们去理解一般情况，即从具体问题过渡到普遍规律。大果铁刀木（拉丁学名：*Cassia grandis*）②的果实总是无人问津，这个细节勾起了詹曾教授的注意，他开始思考这种俗名为"臭脚趾"的果实为何不受欢迎。（大果铁刀木的俗名为"臭脚趾树"，其果实称为"臭脚趾"。）"臭脚趾"长约半米，果荚犹如石头般坚硬，外形好似一截裤袜套在小腿和脚丫上。一棵"臭脚趾树"上可能垂吊有数百只这种奇特果实，每颗果实中都填满了状如西洋跳棋棋子（大小约为棋子的一半）的种子。这些种子包裹在如糖浆一般甜腻黏稠的果肉中。

① 植物群落中，在数量、体积和群落学作用上占优势的植物即为"优势种"。根据詹曾教授的"詹曾-康奈尔假说"，每种植物都有特定的天敌，有助于控制该植物的种群，促进植物多样性。当种子散布在母株附近时，这种"同种负密度依赖性"（CNDD）现象尤为明显。

② 大果铁刀木，又名红花铁刀木、红花腊肠树，决明属植物。果实长30~60厘米，木质果荚，初时为绿色，成熟后变黑。果肉质感和气味类似榴莲，有人喜欢它的气味，也有人觉得它腐臭难闻。

果肉气味浓郁，可以食用，并带有一股强烈的风味，按大厨安德鲁·齐默尔曼（Andrew Zimmerman）的说法，那就像"凤尾鱼、鱼酱与糖蜜混合"的精彩搭配。

"臭脚趾树"投入了大量资源，来长出它那造型奇特、臭气熏天却美味可口（对某些人而言）的果实，然而，就是这样的用心之作，却没有动物乐意食用并帮助它散播种子。[119] 相反，这些果实会在树梢挂上几周甚至数月，在这一过程中，真菌溜进了果荚之中。接着，果实掉落在地，甲虫在种子上钻洞。蚂蚁和啮齿动物捡起果实碎片，把它们带到森林的四面八方。因此，这些决明属植物的幼苗很少会生长在母株之下。

詹曾教授在林中漫步时注意到，这种树木的行为并非孤例。牛油果的野生近亲的种子也烂在了母株之下。除了野生牛油果和"臭脚趾"以外，野生木瓜、牧豆树豆荚、人心果、释迦果、蛋黄果（腰果的近亲）、十字架树的果实、黄槟榔青的果实、南瓜以及许多其他类似的个头较大却因不太常见而尚未拥有英文名的水果，最终都被昆虫、真菌和细菌吞噬殆尽。

每种不靠动物散播种子的水果都有自身特有的香气、味道和形状，以及各自明确而独特的生物化学吸引力。有些水果，如芒果和牛油果，在果实中心有着巨大的果核，其种皮坚硬而难以咬开，且种子往往带有毒性。① 另一些水果，如木瓜，则有许多小

---

① 如樱桃、梨、桃、杏、李子、枇杷等水果，其果核或种子中含有氰苷，水解后会产生有毒的氢氰酸。

粒而柔软（有时滑溜）的种子。有的果肉肥美，有的果肉香甜，还有的肉质厚实，不过味道略淡。简而言之，这类水果的种类极为繁多。不过，它们存在共同之处，那就是果实往往个头硕大，成熟时不会自主开裂（果实成熟后果皮不会自动裂开以释放种子）且气味芬芳。这些果实似乎在引诱某些并不存在的巨兽。在詹曾教授看来，它们计划吸引的物种显然是像非洲大象那样的大型哺乳动物。

在詹曾教授注意到这些随风摇晃、死气沉沉、散发恶臭的"臭脚趾"的几年前，保罗·马丁（Paul Martin）就地球蛮荒之地的历史发表了较为激进的观点。他针对人类与物种灭绝提出假设，认为克洛维斯人及其后代到达美洲各地后，便开始大肆猎杀这里的史前巨兽，致使当地许多物种走向灭绝。同詹曾教授一样，马丁也喜欢天马行空的创意，其中充满宏大而简明的思想，又不失对细节的把握。马丁的很多灵感都基于对他人觉得理所当然的现象进行仔细考察，这一点也与詹曾教授一致。总体而言，这两位科学家非常相配，特别是在詹曾教授当时正在思考的问题上，双方正好互补。

詹曾教授认为，"臭脚趾"之所以死气沉沉地吊挂在树上，就是因为缺少食用它们的大型哺乳动物，而只有这类动物的肠胃才适合散播它们的种子。他假设，哥斯达黎加的这些果实硕大的植物之所以难以散播种子，就是因为以它们为食并把种子排泄到其他地方的哺乳动物已经消失。巨大而美味的哺乳动物消亡了，

图 5.1　大果铁刀木的果实，俗称"臭脚趾"。目前还不清楚这一在伯利兹[1]使用的通称究竟是与水果形状有关，还是与包裹种子的果瓤的气味有关。

由于它们的缺席，这些同样巨大、有时也很美味的果实就只能无助地挂在枝头。

这就解释了为什么这些无人问津的果实往往个头很大：为了勾起大型哺乳动物的食欲，它们特意进化成这样的大小。这也解释了为什么它们有难以破开的外壳：为了防止小型哺乳动物偷吃，它们进化，变得坚硬。这还解释了为什么它们中的一些有着大而坚硬的种子：为确保在哺乳动物肠胃中旅游一趟后仍能顺利

---

① 英联邦成员国伯利兹位于中美洲，与洪都拉斯隔湾相望，当地森林与海洋资源丰富，拥有全球最大的水下洞穴和神秘的玛雅遗迹。

发芽，种子进化得尽可能大，但又要足够坚韧，能避免被大型哺乳动物的大牙磨碎。这甚至解释了为什么它们中的另一些却有着小而软滑的种子：为了从大牙表面滑开或在牙齿之间游走，种子进化出躲避咀嚼的机制。同时，这些大型果实之间的区别可能与业已灭绝的大型哺乳动物之间的差异以及它们在肠胃、嗅觉和口味偏好方面的一些细节有关。

不过，詹曾教授在推进研究时遭遇了瓶颈。关于业已灭绝的哺乳动物，尤其是中美洲的那些，他的知识储备尚不足以完善进一步的研究。1977 年 10 月，他写信给保罗·马丁，邀请他跟自己合作完成一篇关于大型果实和大嘴巨兽的论文。他在信的开头写道："我有一个疯狂的点子……让我们来实现它吧！"马丁欣然同意，回答说："很有意思的来信和主意。我来召唤那些饥肠辘辘、已经灭绝的草食动物的魂灵，你去看看它们是否会将那些掉落的果实吞食一空。"合作大概就是这样达成的。关于曾经活动在哥斯达黎加的食草巨兽种类以及它们可能的食物，马丁能信手拈来大量素材，以充实詹曾的研究论证。

马丁告诉詹曾，在 7000 年前的哥斯达黎加，有许多以水果为食的巨兽，包括几种大地懒，它们站立起来甚至可以够到垂挂在树梢的大型果实。另一些体形略小、个头与熊相仿的地懒，则只会捡食散落在地上的水果。参加这一盛宴的还有大象家族的诸多亲戚（长鼻目的各类物种），如美洲乳齿象和嵌齿象，[120] 地上和枝头的水果都是它们的大餐。兽群之中还有壮硕如熊的犰狳、雕齿兽、巨型西猯、巨龟和热带马。马丁指出，如果上述动物中的任何一种食用了"臭脚趾"，特别是美洲乳齿象和嵌齿象，种子会惊喜地发现自己"埋在了超、超、超大的一坨肥料中"。[121]

詹曾新奇的观点加上马丁渊博的古生物知识，两位科学家通力合作，一同撰写了一篇论文。1982 年，在双方合作了四年之后，这篇题为《新热带区的时代谬误：嵌齿象食用的水果》（*Neotropical anachronisms: The fruit the gomphotheres ate*）的论文发表在了《科学》（*Science*）上。这篇描述失落蛮荒世界的文字既让人如痴如醉，又使人莫名感伤。它有着与众不同的中心思想，用杂志编辑的话说，"就像个电影剧本"。

如果詹曾和马丁的猜测正确，那么他们的想法便具有了实际意义。如果巨兽的消失导致这些果实硕大的树木无法散播种子，那么向当地引进巨兽或将有助于这些树种的扩散。詹曾教授需要一批巨兽。他虽然无法克隆出已经灭绝的史前巨兽，但可以"雇用"一些或至少一种这类物种的近亲。野马曾经在哥斯达黎加出没。在詹曾教授看来，尽管已经灭绝的野马与在欧亚大陆驯化并由西班牙人带到美洲的马只有稀薄的血脉关系，但双方的舌头、鼻子、嘴巴和肠胃极为相似，现代马或可替代灭绝的野马发挥作用。[4]

于是，詹曾教授将十字架树（拉丁学名：*Crescentia alata*）的果实喂给一些马，这是一种巨兽专享水果，其大小、形状类似于大号的柑橘。自古以来，中美洲原住民都在使用这种水果制作碗，他们将它从中剖开——过去用的是石刃，现在拿的是砍刀。而即便使用现代工具，也很难利索地切割这种水果。詹曾教授试着把水果喂给马。如果马能咬开果实，它们就能吃掉果肉，这样种子就会随着马粪排出，散播到其他地方。[122]

马的咬合力大约有 550 千克（相比之下，人类的最大咬合力仅为 70 千克，这还是强力的臼齿的最好成绩）。根据詹曾教授的实验，这股力道足够破开大部分的十字架树的果实，以食用包覆种子的黑色果肉。但也有一些果实过于坚硬，连马都无能为力。这种果实的进化目标确实是通过某种哺乳动物来散播种子，不过这种哺乳动物的咬合力要大于或至少等于马的咬合力。十字架树果实的坚韧外皮可保护种子的安全，避免被无法帮其散播种子的物种食用。任何体形小于马的哺乳动物都没有机会享用这种果实。

在享用十字架树的果实后，马会在原野中四处漫步，撒下种子。种子在肥力充足的马粪中发芽。马群行进到哪里，森林就蔓延到哪里。当然，事实没有这么简单，但基本如此。如今，野生动物穿行在人工饲养的马匹所种植的树下，这些马在部分程度上代替野马、嵌齿象、雕齿兽和大地懒发挥了作用。哥斯达黎加现有的许多十字架树可能都是马群在几百年间不断活动的产物。其他树种的情况可能也与之相同，比如象耳豆（拉丁学名：*Enterolobium cyclocarpum*，哥斯达黎加的国树）、瘤果麻（拉丁学名：*Guazuma ulmifolia*）和雨树（拉丁学名：*Pithecellobium saman*），它们都长着硕大的果实，当地人有时会将这些果实作为马和牛的饲料。马和牛并不能取代大地懒跟嵌齿象的角色，但可以作为替身上阵，完成这些史前巨兽缺席的戏份，遭到滥砍滥伐的地区尤其需要它们来一点一点地"散播"种子，以恢复当地的植被。

实验结果是，詹曾教授既恢复了森林植被，也确认了自己关于硕大果实及以其为食的巨型物种的猜想。他转而有了其他点子，灵感不断迸发。他还作出了许多可经验证的全新猜测。然而这些并不是他的研究重点。正如他在电子邮件中所说，他并不想将余生投入到"把萨拉米香肠片得越来越薄"的事务中。我们猜测，詹曾教授想表达的意思是，他已经弄清了硕大果实和巨型动物之间的故事，并十分满意。然而，仍然存在一个不小的谜团。在研究这些备受巨兽青睐的果树之初，詹曾教授注意到母株之下有许多未能生根发芽的种子。那么，为什么这些树木还没灭绝呢？史前巨兽消失于距今 12 000 到 10 000 年，而詹曾教授的研究对象在那之后依然繁衍了许多代。不知何故，在没有动物帮忙散播种子的情况下，它们仍有足够的种子成功存活、发芽并长成树木，使其种群得以延续。可这究竟是怎么做到的呢？

其中一部分树种或许依靠了马和牛来散播种子。但并非所有树种都是如此，因为有些果实并不在它们的食谱之上。此外，从史前巨兽的灭绝到欧洲人牵着牲畜踏上这片土地，其中大约有

10 000 年的间隔。也有的树种可能选择了体形较小的动物来帮忙散播种子，比如啮齿动物或鹦鹉。[123] 研究人员发现了一种巴西棕榈树，当地的巨嘴鸟类灭绝后，它就进化出了个头较小的果实。[124] 还有一些硕大的果实选择听天由命，如果它们碰巧掉到河里并且顺利漂浮起来，就有机会在其他地点生根发芽。但上述模式真的就是这类树种散播种子的全部手段吗？其实，还有一种可能。

随着史前巨兽走向灭绝，美洲及其他地区的人口密度越来越大。在这一过程中，人类食谱上的果实种类可能激增，其中就有那些食草巨兽喜欢的水果。许多果实，如"臭脚趾"和十字架树的果实，都进化出了防御能力，以保护自身不被包括灵长类在内的小型哺乳动物食用。但它们的防御并不能抵挡石器的进攻。而且，为了吸引营养需求极高的史前巨兽，这类果实大多进化得味道香甜，有时还富含脂肪或蛋白质。如果真的存在"禁果"，那么它们当之无愧。这类果实香气浓郁，果肉大多也十分美味，数百万年来，无数灵长类动物都无福消受这些饱满的果实。但是现在，史前巨兽不复存在，它们只能挂在树上，备受冷落。只消一块锋利的石片，人类就能破开它们，大快朵颐。

也许，人类曾经起到了原本由大地懒、美洲乳齿象、哥伦比亚猛犸象等史前巨兽发挥的生态作用。这是一个可以简单验证的假设。如果人类真的在这些果树的种群延续方面作出了重大贡献，那么，在这些果实硕大的树种之中，人类食用其果实的树种应该比那些果实让人提不起胃口的树种更为常见。

接着，詹曾教授发现，验证这些果实硕大的树种哪些较为常见、哪些相对稀有是一件相当棘手的事情，因为在 20 世纪 80 年代，热带植物物种分布的数据质量堪忧且有待梳理（无论如何，他都不会去做这种枯燥乏味的"把萨拉米香肠片得越来越薄"的工作）。现在，这类数据仍旧质量欠佳（且未曾收录在采集数据之前便已灭绝的物种，即从 10 000 年前到大约公元 1920 年是一片空白）。不过，现在至少完成了对已有数据的梳理。近期，多个研究小组利用了这些梳理整合过的历史数据，比较那些备受巨兽青睐的果树和其他果树的稀有程度。研究结果显示，跟拥有其他种子散播手段的树种相比，果实硕大的树种往往面临着更高的濒危和灭绝风险。[125] 以北美肥皂荚（拉丁学名：*Gymnocladus dioicus*）^①为例，这种果实硕大（巨型豆荚）的树种在其所有发现地都较为罕见，它们零星地分布在河边，靠水流将种子带到远处。[126] 不过，其中一组研究人员另有收获。

那是一个由国际生物多样性研究组织中的马尔滕·范·佐讷维尔德（Maarten van Zonneveld）^②领导的研究小组（该全球性研究组织的中心位于哥斯达黎加），他们收集了一份果实硕大的

---

① 原文Kentucky coffee tree直译为"肯塔基咖啡树"，因早期殖民者将其种子烘烤后酿制为一种类似咖啡的饮料而得名。其拉丁学名已修订为*Gymnocladus dioica*，*Gymnocladus dioicus*属于其异名。

② 马尔滕·范·佐讷维尔德，比利时根特大学博士，2018年在《美国国家科学院院刊》联名发表了关于更新世巨兽食用的水果促进了人类饮食多样化的论文。

美洲本土热带树种名录。接着，该研究小组尝试将这些树种分为三组：人类不会食用的（基于对全美洲森林原住民的调研），人类愿意食用的，以及人类食用并栽培的。随后，他们可以计算出每一组中物种的平均地理分布范围。马尔滕·范·佐讷维尔德预测，如果古人类大啖果实、散播种子，甚至有意种植它们的行为确实拯救了这些果实硕大的树种，那么相比那些既不好吃也不在人类食谱之上的树种，人类觉得美味的树种应该拥有更大的地理分布范围。

美国皂荚（拉丁学名：*Gleditsia triacanthos*）的情况似乎正是如此。和詹曾教授研究的"臭脚趾树"一样，美国皂荚也属于豆科植物，它们都有又长又硬的荚果。荚果内，甜美的果肉包裹着种子。和"臭脚趾树"一样，美国皂荚的果实最终会躺在母株之下，静静腐烂。尽管如此，美国皂荚仍挺常见，它们成片地分布在多个区域，特别是在北卡罗来纳州西部和田纳西州东部地区。虽然较为干燥的高地才是其发芽、生长的最佳环境，但这种植物往往生长在潮湿的洼地或是河畔。纽约州立大学布法罗学院的生态学家罗伯特·沃伦（Robert Warren）[1] 指出，美国皂荚目前分布的区域几乎都曾是美洲原住民，特别是切罗基族印第安人[2]

---

[1] 罗伯特·沃伦，纽约州立大学教授，关注物种入侵、土地破碎化和气候变化对生态系统的影响，对物种分布的驱动因素颇有研究。

[2] 切罗基族印第安人属于易洛魁（Iroquois）族系的北美印第安民族，居住在田纳西州东部和北卡罗来纳州及南卡罗来纳州的西部。

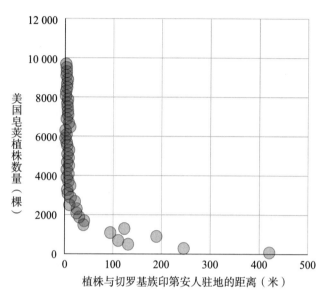

图 5.2　美国皂荚和切罗基族印第安人驻地的距离与其植株密度之间
的函数关系。

（约 1450—1840）的驻地。[127] 切罗基族印第安人会在饮品中添
加美国皂荚果肉，将其作为一种甜味剂使用。甜蜜的美国皂荚让
他们十分愉悦。在食用美国皂荚的同时，切罗基族印第安人及其
祖先也助长了这种植物的繁衍和扩张。他们甚至可能会种下美国
皂荚的种子。所以，凡是切罗基族印第安人所到之处，都留下了
美国皂荚的身影。如果类似的事情发生在（对人类而言）最为
美味的果实硕大的树种上，会得到怎样的结果呢？这正是马尔
滕·范·佐讷维尔德想要检测的。

　　虽说拿不到美洲古人类口味偏好的数据，但马尔滕·范·佐

讷维尔德成功找到了另一个数据库，它记录了过去一百多年来，美洲热带森林及其周边地区的土著群体所食用的果实。比如，"臭脚趾树"大果铁刀木（拉丁学名：*Cassia grandis*）及其两种近亲（*Cassia leiandra* 和 *Cassia occidentalis*）的果实就在该数据库中。但它却无法提供更多详细信息（例如，哪些群体会食用这些果实、他们的驻地在何方、这种习惯持续了多久等）。不过，有这份名单也足够支持研究了。当马尔滕·范·佐讷维尔德及其团队对比人类愿意食用和拒绝食用其果实的树种时，他们发现，那些人类喜欢的果实硕大的树种，其分布范围大约是果实不在人类食谱之上的树种的 1.5 倍。而分布范围更大的，仍是那些人类主动种植栽培的果实硕大的树种。[128] 与之相对的是人类过去或现在并不食用其果实的树种，包括"臭脚趾树"的几种近亲，它们的分布范围较小，且在持续缩小。人类食用了原本为巨兽准备的果实，却也拯救了长出这些硕大果实的树种：是它们的美味挽救了自身；或者说，是人类对美味的认知救助了这些物种。与此同时，那些果实风味不佳的树种却饱受煎熬，它们努力长出硕大饱满、芳香四溢的果实，期待巨兽的光临；然而，日复一日，年复一年，那些身形庞大的哺乳动物再也没能出现。[5]

第六章

论香料的起源

风味？那是有限语言所不能表述的无限概念，要知道，融化在口中的每种物质，都可能迸发出独一无二的风味……

——布里亚-萨瓦兰

　　马郁兰精油会让猪连连退却，它畏惧每一种香膏；这些使我们感到全身复苏的物质，对鬃毛猪而言却是可怕的毒药。

——卢克莱修
《物性论》

　　在哺乳动物进化过程的前 3 亿年时间里，一切能够捕捉和采集到的食物，都在我们祖先的食谱之上。但他们也有某些风味偏好，比如倾向于选择猛犸象而非吼猴。一些人类祖先比同类更加挑剔（和我们一样，他们彼此之间也存在口味差异），但这个时候，他们还只能在自然界提供的现成风味之中作出选择。虽然会在不经意间尝到，但他们似乎并没有创造出混合的风味。料理手段能赋予食材全新的风味，但这种风味的变化是有限的。在篝火上烘烤猛犸象足，会使其肉汁渗出、表皮酥脆，这些变化的剧烈程度基本取决于火候，但是万变不离其宗，它在本质上仍是一只猛犸象足。随着人类祖先开始在料理过程中加入香料，风味的故事也正式迎来高潮。在这一过程中，我们的祖先充分利用自身发现的各类植物化学物质以及人类懂得享受几乎所有香气的天赋。他们创造了混有全新香气和味道的料理，并爱上了这类菜品。

就目前所知，除人类以外，没有任何物种懂得通过混合各种成分来料理食物。黑猩猩不会在肉里加豌豆，更不会加香料。此外，并非所有人类族群都会往食物中加香料。有些族群不曾使用任何香料。例如，《长弓的游牧民族》(*Nomads of the Long Bow*)的作者艾伦·霍姆伯格（Allen Holmberg）① 发现，玻利维亚的西里奥诺人 ② 就不会在烹饪时使用香料。[129]包括亚诺玛米 ③ 人在内的诸多亚马孙狩猎采集族群，其传统饮食中似乎也同样不添加任何香料。在为数不多的例外中，有一支族群似乎会将某些植物的草木灰当作盐来调味。[130] 在这方面，亚马孙人并不

---

① 艾伦·霍姆伯格，美国康奈尔大学人类学教授，曾冒险深入玻利维亚丛林，找寻到一支西里奥诺印第安人，并在《长弓的游牧民族》一书中介绍了自己的探险经历和这个与世隔绝的民族。

② 西里奥诺人，玻利维亚东部热带密林中的印第安人，半游牧民族。

③ 亚诺玛米，一个充满原始风情的印第安部落，该部落的人们生活在巴西北部和委内瑞拉南部，在险象丛生的密林里生活了几千年。——编者注

孤单。其他一些人类族群的传统饮食中似乎也不会或很少添加香料。

　　此处所用的"香料"（spices）一词，从广义上来讲，包括一切小剂量地添加到食物中的植物部位，人们并不是看重其营养价值，而是出于其他一些目的，如增香调味。有些香料取自植物叶片，我们一般统称这些植物为"香草"（herbs），比如胡椒薄荷、留兰香薄荷、牛至、罗勒、月桂和柠檬草。在这些植物的叶片上，人们发现了许多储存化学物质的饱满小球，当我们咀嚼、切碎或撕开叶片时，这些球体就会像小炸弹一样砰然爆裂，内部的化学物质随之迸散空中。至于其他香料，有的取自种子，比如芥末、小茴香或八角；有的取自整个果实，例如辣椒、黑胡椒、柠檬和酸橙；有的取自鳞茎，包括大蒜、洋葱及它们的近亲；还有的取自花朵，如丁香和藏红花，前者是丁香的干燥花蕾，后者是藏红花的雌蕊。

　　香料的运用看似简单，好像只需往罐里、锅内或碗中加上那么一小撮，就能顺利改变食物的风味。但事情绝非如此简单。大多数情况下，你需要一个罐子、一口平底锅、一只碗，或至少要有某个可以用于混合香料与食材的容器（当然，也可以将香料均匀涂抹在肉类表面，反复揉搓按摩）。如果没有合适的容器，可以就地挖个洞，密封好后即可作为容器使用（加水后放入烧热的石块便可煮熟食物）。我们如今用于调味增香的香料，无论是鳞茎、叶片还是种子，基本都取自气味浓烈的植物部位。而植物原本是为了抵御外敌，才进化出这些让我们觉得气味浓烈的化学物质。

　　数亿年前，第一批植物脱离了海洋，来到陆地上繁衍生息。很久以后，第一批动物爬上岸。相对于现在而言，那时的陆生植物完全没有自保手段，因此在最初的陆生草食动物看来，大地就是一盘无穷无尽的美味沙拉。不过这种情形并未持续多久。那些进化出有毒的叶子和生殖器官（如种子）的植物，更有可能实现物种延续。于是，植物开始朝这个方向进化。

图 6.1　显微镜下的薄荷叶。叶片表面大片的干瘪球状结构就是大多数香草等植物用于储存其化学武器的小巧容器。咀嚼、撕开或捣碎叶片都会释放这些容器里的化学物质。

最终，大多数植物都进化出了抵御外敌的看家本领。有些是物理防御措施。即使是体形最大的草食哺乳动物，也会对积存了微量二氧化硅（SiO_2）的草原植物避之不及。二氧化硅会使草叶的口感极度糟糕，食用二氧化硅含量较高的植物，其体验不亚于往嘴里塞上一把掺了沙子的生菜。[131] 而另一些，则采用了化学自保手段，让敢于啃食它们的草食动物遭受抽搐、呕吐甚至死亡的惩罚。这类化学防御往往有着双重效果，除了能吓退草食动物外，还可以灭杀危害植物的病菌。为了应对这些化学物质，个别物种专门进化出了相应对策（一些病菌也是如此），包括突破某些化学防御的特殊能力。于是，植物也报之以升级更新的防御措施。正是这场有来有往、难解难分的攻防之战促成了地球上的植物和草食动物的物种多样性。[132] 而且，这场相持不下的生存战争在未来还将继续胶着下去。整个地中海地区分布着许多品种的野生百里香（百里香属）和它们的变种。为了自保，不同类的百里香会产生气味各异的防御性香气。有时，连不同山头的同种百里香的香气都会有所区别。而这些气味差异已被证明在某种程度上取决于这座山上数量最多的草食动物或是百里香的其他外敌。有些种类的百里香生长在羊群稀少而蛞蝓常见的环境中，它们能产生一种抑制蛞蝓生长发育的气味。而在羊群密集的地方，那些能散发出让羊群避之不及的气味的百里香种类最为常见。与之类似的，是同样生长在地中海地区的百里香罗勒，当周围没有山羊和绵羊出没时，其体内气味浓郁的芳香物质会大幅减少。在没有需要警告的对象时，它只会释放很少的防御性气味。基于对这些和其他植物的观察，一些科学家甚至提出，正是数千年来山羊和绵羊等草食动物的威胁，使地中海和中东地区的一些植物演化出了香气。兽口余生的往往是那些防御本领最强的品种及其变种。[133] 例如，如今在欧洲分布最广的百里香，就是化学抵御能力最强的品种。[134]

无论在何处，草食动物和植物都从未完全休战过，双方也永远不可能罢手言和。不过，我们的身体已经与许多品种和谱系的植物签署了"停战协议"。"停战"表现的味道就是我们口中蔓延的苦涩。包括人类祖先在内的许多动物之所以进化出各种苦味受体，就是为了警示自身远离那些毒性较强、不可食用的植物。由于解毒能力各不相同，每个物种的苦味受体大都存在些许差异。对于动物而言，苦味受体是一套能让它们认清哪些东西不可食用的简易报警系统。以人类为例，我们的一个苦味受体警示我们远离含有马钱子碱的植物，另一个则告诫我们不要摄入咖啡因。而啤酒花所含的 15 种化合物至少会触发人类三分之一的苦味受体。[135] 为签署"停战协议"，植物也有所付出。它们进化出了本身无毒的警示气味，以宣告自己带有毒性。就像黑脉金斑蝶①用鲜艳斑斓的色彩警告鸟儿"别来吃我"一样，有些植物的气味

---

① 黑脉金斑蝶，又称帝王斑蝶或君主斑蝶，是美洲最具代表性的蝴蝶之一，因其壮观的长距离年度迁徙而闻名。

也起着相同效果。动物在嗅到代表此物有毒的警示气味后，为了保证自身的生存概率，便会主动避开而不去啃食这些味苦的植物，植物也得以静静地享受阳光。

运用香料其实是无视了自然的警告。人类会有意识地收集具有高浓度防御性化学物质或警示气味的植物，并将它们少量地添加到食物之中。例如，使蒲公英和莳萝带有苦味的那些化学物质带有毒性。大蒜、薄荷、百里香和莳萝的馥郁香气其实是表明自身有毒的警示气味。它们直截了当地宣告："不想尝苦头的话就快点走开，你这头龇牙咧嘴、臭气熏天的野兽！"无视警告并食用这类植物是一种大胆而冒失的行为。然而，我们已经对此感到麻木。人类已然习惯了香料的风味和香气，我们对运用香料已经习以为常。接下来，我们会对香料作出两点解释：第一，人类为什么会如此轻易地说服自己香料会带来愉悦；第二，人类为什么把香料和愉悦联系起来，为什么往食物中添加香料，为什么喜欢用香料调味的食物。

两个问题中比较容易回答的是第一个问题，即我们是如何学会享受香料的。尚在母亲体内时，婴儿便学着享受特定香料的气味（最终是风味），这种学习在他们出生后还会加强。

母亲怀孕期间，胎儿能体会到母亲所吃食物的味道和香气。食物中的化学物质会渗入羊水，漂到胎儿的鼻腔。胎儿能在自己所漂浮的这个小小海洋中做出嗅闻动作。胎儿似乎天生会为羊水中母体的香气而感到愉悦，并在出生后追寻"妈妈的味道"。哪怕这种气味实际上源自植物的防御性化学物质，事实也依旧如此。以羊为例，当母羊咀嚼大蒜时，羊水就会沾上大蒜的防御性化学物质的气味。[1] 胎羊于是嗅到了大蒜的气味。由于在母体中接触过这种气味，小羊一出生就会爱上蒜香。科研人员往孕鼠的羊水内注射大蒜提取物后，鼠宝宝一出生就会抱着研究者放在一边的大蒜，不由自主地吮吸。它们哑着粉嫩的小嘴，寻找着自己的母亲："我亲爱的蒜味妈妈，你在哪里呀？"

针对人类的此类实验则侵入性较低，不过结果相似。在法国国家科学研究中心（CNRS）[①] 的一项研究中，伯努瓦·沙尔（Benoist Schaal）及其同事对两组来自法国阿尔萨斯地区的孕妇进行了比较研究。在孕期的最后十天里，其中一组可以尽情享用茴香味的薄荷糖、饼干和糖浆，另一组的食物中则不含任何茴香成分，她们也不得食用一切茴香味的食物（她们似乎遵守了要求）。孩子出生后，研究人员测试了两组女性所生的婴儿对赋予茴香特定气味的化合物——"茴香烯"——的喜爱程度。结果发现，当研究人员递来高度稀释的茴香味样品（茴香烯）时，母亲未曾食用茴香味食物的婴儿会露出不悦的表情；[136] 而那些母亲食用过茴香味食物的婴儿则会扭头朝向气味来源，伸出舌头，似乎在做舔嘴唇的动作。

---

① 法国国家科学研究中心是欧洲最大、全球顶尖的科研结构。

在另一项针对人类的研究中，母亲在怀孕期间吃过大蒜的婴儿，会在闻到蒜香时噘起嘴唇做吮吸动作。近期的研究证实，豌豆、四季豆和含硫奶酪（如卡蒙贝尔奶酪、门斯特奶酪、埃波斯奶酪）[①]的风味也会渗入子宫，对胎儿造成影响。母亲在怀孕期间食用豌豆、四季豆及其他绿色蔬菜的 8 个月大的婴儿，会表现出对青气（2-甲氧基-3-异丁基吡嗪[②]）的喜爱。母亲在怀孕期间吃含硫奶酪的 8 个月大的婴儿，则会表现出对二甲基硫醚[③]（多存在于含硫奶酪和大蒜中）气味的偏好。在哺乳期食用鱼类的母亲，她的宝宝也将爱上鱼的香气，或至少会喜欢三甲胺[④]这种与鱼香有关的化合物的气味。[137] 在食用鱼类的母亲的羊水和母乳中，都发现了三甲胺的存在。尽管不会必然发生，但有时，婴儿在羊水中和吮吸母乳时所接触的气味，其影响可能会持续到儿童时期甚至更久。[138]

大自然这是在告诉包括人类在内的动物，要信任自己的母亲，相信母亲所吃食物的气味。在人类祖先组成的小型族群中，绝大部分母亲所吃食物的气味，都与人类族群可以食用的动植物

① 法国最为流行的几种奶酪，均以原产地命名。
② 2-甲氧基-3-异丁基吡嗪，分子式为 $C_9H_{14}N_2O$，一种天然存在于青甜椒、青豌豆、葡萄和芦笋等植物中的香气成分。
③ 二甲基硫醚，分子式为 C_2H_6S，最简单的硫醚，闻起来具有海鲜腥味，常用于配制果香型、青香型香精。
④ 三甲胺，分子式为 C_3H_9N，常温常压下为无色、有鱼油臭的气体，常在农药、染料、医药等领域使用。

的气味有关。

作为哺乳动物，人类在出生前后，便能借助嗅觉认知世界，因此我们无需任何教导，就可以掌握祖辈所累积的知识，了解哪些食物有益、哪些食物有害。让我们暂且回到黑猩猩的料理传统上，出生前的学习足以让黑猩猩幼崽认识许多可食用物种，特别是那些气味浓烈的食物。在 600 万年前，人类和黑猩猩的共同祖先就已经能够做到这一点。今天的我们也是如此，只是另有一个特征。有了开口说话的能力后，人类得以将更加古老的风味偏好转为复杂的分层结构。母亲的身体教会我们爱上某些食物，而父母的话语则提醒我们应该喜欢哪些食物。除这两种影响外，其他族群成员的进食行为和料理产物也让我们对人类乐于享用的食物，有了更多了解。因此，我们的祖先较为容易地继承了对香料的喜爱，而遗忘了这些气味曾经是种警告。

但是，人类祖先是在什么时候，又缘何开始爱上香料的呢？

考古记录中不时出现也许能够（也许不能）证明古人类使用香料的依据。例如，在叙利亚的 Dederiyeh 洞穴，考古学家于距今 6 万年的尼安德特人炉灶中发现了朴果（朴属）。[139] 和它的北美近亲一样，这种朴果风味不佳，不太适合空口食用。美国西南部沙漠地区的印第安人会将类似的朴果作为香料使用。在烹饪肉食时，他们会加入朴果，就像你我向菜里撒上胡椒一样。那么尼安德特人会不会在烹饪之前，用朴果来腌制肉块，增香调味呢？这到目前仍旧是个谜。

令人惊讶的是，关于香料使用证据确凿、最为古老的实例之一，居然出自一个历史不超过6600年的考古遗址。相关证据来自一项由考古学家海利·索尔（Hayley Saul）、英国约克大学的奥利弗·克雷格（Oliver Craig）教授（海利·索尔当时的博导）以及他们的西班牙和丹麦同事参与的研究。该研究探索了许多考古遗址，他们在德国北部的一处遗址展开了最为细致的研究工作。在那个遥远的时代，农业文化正往北方传播，远古狩猎采集者的饮食方式也在经历转变。这个遗址名为"诺伊施塔特"（Neustadt），公元前4600年左右，有些狩猎采集者在此活动休整，随着他们逐渐向农业社会过渡，这群人又在此盘踞了800年。基于遗址中不同时代的陶器和食物的变化，索尔、克雷格和同事们研究了古人的生活方式如何从狩猎采集转变为原始农耕。该遗址最初的定居者是一群狩猎采集者，因创造出"艾尔特波勒"（Ertebølle）风格的大型陶器而闻名，于是被称为"艾尔特波勒人"。后来在此生活的农耕文明中的人们会使用一种名为"漏斗杯"的小型陶器，因此被称为"漏斗杯人"。（按照这种考古命法，我们就应该是"塑料杯人"。）

在考古现场，索尔、克雷格和同事们发现了艾尔特波勒陶器，内壁还留有考古学所说的"食物残渣"（foodcrusts）[1]结成的

---

① 饮食考古的样本除食物残渣外，还有陶器吸附的残留物。

壳。首先，这些食物残渣证明古代的北欧人确实不怎么擅长洗碗，但更重要的是，研究人员可以借此一窥古人的饮食成分。在艾尔特波勒人狩猎采集者的食物残渣中，混杂着动植物的残留物 [①]（"漏斗杯人"的陶器则有着专门的作用，要么只含动物残留物，要么只含植物残留物）。综合利用了多种实验手段后，索尔发现，艾尔特波勒人留下的食物残渣中的肉食基本源于野生动物，大约一半来自海洋，一半来自陆地，比如鱼肉和鹿肉。索尔同时注意到，虽然有一部分植物残留物是艾尔特波勒人主食中的淀粉（奥利弗·克雷格教授在邮件中推测，这些淀粉或许源自榛子和橡子），但大部分残留物与葱芥（拉丁学名：Alliaria petiolata）的种子有关。葱芥既不属于大葱，也同大蒜毫无瓜葛，而是葱芥属之下的一种带有蒜味的植物。索尔、克雷格及其同事认为，他们在罐底发现的这些葱芥酱结块就是古人用剩的香料。换言之，他们似乎已经拿到了艾尔特波勒人使用香料烹饪食物的证据。那些狩猎采集者会将肉块、肥膘、淀粉和蒜味香料放在一口锅里炖。这道原始炖肉的做法十分简单，大致如下：

---

① 动物残留物富含油脂，根据单体碳同位素数据分布，研究人员可区分脂肪的类别（体脂或乳脂）和源自的物种。植物残留物主要由糖类（比如淀粉受热分解的产物左旋葡聚糖）组成，也可能是蜡质、植物油或树脂，除了能用来判定植物种属外，还可以就其间特定物质的含量，推断出某种农作物的种植变化趋势。

切下鱼类或哺乳动物的肉，连同骨头、筋腱，一并倒入陶器中加水炖煮。烹饪时，加入榛子或植物根茎，拌上用于调味的葱芥酱，分而食之。

在一些炊具中，索尔、克雷格和同事们还发现了残留的蜂蜡，这意味着艾尔特波勒人可能在烹饪时加入了蜂蜜。在一封邮件中，克雷格推测，艾尔特波勒人之所以开始使用陶器，也许就是为了制作这类美食。"如果发明和使用煮锅的主要目的，是为了以全新模式融合风味与质感，创造部分颠覆传统的料理美学呢？"

我们猜测，当各种文化中的人们出于不同原因，开始在炖煮或是其他烹饪过程中使用各类香料时，包括香料运用在内的料理美学便应运而生。某些香料的运用也许代表了该文化独特的审美，另一些香料的最初用途则可能是预防疾病。康奈尔大学的退休教授保罗·谢尔曼（Paul Sherman）认为，人类起初可能是为了杀死食物中的病菌而使用香料。这可能是为了防止隔夜或放置了数天的食物（以及未曾清洗干净而不慎留在容器内壁上的食物）滋生病菌。于是，我们的祖先可能特意选取了那些香气浓郁、有助于保存残羹剩炙的植物部位。[140] 香料植物的使用可追溯到更为远古的时期，也许是由药用植物衍生而来。即便是现在，仍有许多香料既可入药，也可做菜。以苦叶（拉丁学名：

Vernonia amygdalina)[1] 为例，许多人会用它做菜或泡茶，尼日利亚的传统美食"埃古西炖肉"[2]之中，就添加了苦叶来提味。[141]

谢尔曼教授的猜想同我们关于人类如何在出生前后形成气味偏好的发现十分吻合。正如前文所述，人在还是母体内的胎儿时就会爱上许多香气（以及与其相关的各种风味）；出生后，又会在生活中接触并爱上更多香气。在第三章我们曾经提到，人类在认识香气时，会根据香气唤起的记忆好坏来对它们进行排序。能唤起诸多美好记忆的香气就属于令人愉悦的香气。可以想象，如果一个胎儿在母体内就接触到了茴香的气味，那么在出生后，他／她就可能会爱上茴香的香气与风味。如果他／她在童年及以后的生活中，拥有许多与茴香有关的美好回忆，那么胎儿时期的喜爱之情就会得到强化。相反，在认识到有些气味跟生病有关后，不好的联想就会让我们将其归为使人不悦的气味。人类会因为一个事件而厌恶某种气味，比如某种与呕吐相关的气味（加西亚效应[3]）。在出生前后，孩子就懂得了确保食物安全的香料带有令人愉悦的气味，而同样的菜肴，在不放香料的情况下，哪怕只引起了一次食源性疾病，也可能被标记为令人不快的气味。

---

[1]　苦叶，菊科植物，分布于非洲和热带地区，味苦性凉，可治疗发热和胃肠疾病。

[2]　埃古西炖肉，尼日利亚美食，将瓜子、蔬菜、鱼干、肉块、香料用棕榈油炒制后加水炖煮而成。

[3]　加西亚效应，也称味觉厌恶。研究者约翰·加西亚（John Garcia）在喂食老鼠的数小时后，通过辐射让其感到恶心。尽管老鼠在进食数小时后才出现呕吐反应，但只需要一次试验，它们就学会了不去食用那种它们"觉得"会导致呕吐的食物。

谢尔曼教授的观点也引发了一系列猜想，其中一些还激起了细致入微的探究。例如，香料最佳的使用时机应是其抗菌物质最为活跃的一刻。在历经高温烹煮后仍能保持抗菌效果的香料方可用于烹饪。那些常温下抗菌效果最强的香料则更适合生食。而最为简单的猜想，便是香料可以杀死食物中的致病细菌。研究人员就此展开对比实验，通过观察在有无特定香料的情况下培养皿中细菌的蔓延速度，发现许多香料都能抑制细菌生长。如图6.2所示，研究表明，某些香料植物具有抗菌效果，或至少在实验所用浓度下具有抑菌作用（其他香料即便在该浓度下也不存在抑菌作用）。在所有这些具有抗菌效果的香料中，研究较为充分的当属大蒜及其他葱属植物（如洋葱和大葱）。

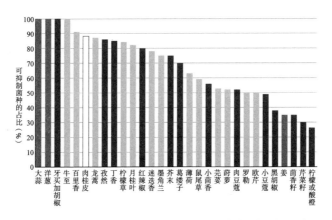

图6.2　每种香料或其化学成分所能抑制的食源性致病菌的占比。根据所取用的植物部位对香料进行分类，并以不同颜色表示：深灰色代表鳞茎、根或块茎；黑色代表种子或果实；浅灰色代表叶子；唯一的白色代表树皮。

大蒜及其他葱属植物会用一套独特的化学武器来保护自己。以大蒜为例，它的防御手段就主要依靠蒜氨酸和蒜氨酸酶。平时，大蒜鳞茎中的这两种化合物分别储存在细胞的不同位置[①]，只有当鳞茎受损时，它们才有机会聚首并发生化学反应。蒜氨酸酶是葱属植物所含的一种酶。当鳞茎受损时（比如被昆虫、啮齿类动物或人类所啃食），蒜氨酸酶便与蒜氨酸接触，并将其迅速转化为蒜素，而蒜素则会使大蒜散发出刺鼻气味。与之相似的是洋葱，只是洋葱中的蒜素类化合物还会发生二次反应，这次的生成物是"催泪剂"（lacrimator）化合物家族中的一员。洋葱并非是唯一具有催泪效果的葱属植物，大蒜也有这种本事。但论催泪剂的生成量，洋葱可居葱属植物之冠。一旦入眼，催泪剂就会刺激神经末梢，并进一步分解成亚硫酸及其他更加麻烦的物质（啃食洋葱的丛林啮齿动物也难逃此劫）。

　　尽管大蒜及其他葱属植物进化出了强大的化学防御功能，但这无法改变它们被端上餐桌的命运。葱属植物在全球许多地方都是上好的香料选择，也许是因为它们的抗菌能力，我们（从母亲那儿）学着爱上了这些香料。不过，还从来没有人作过这样的尝试：还原一道古老菜肴，在烹饪过程中，一份加入葱属植物，另一份不加，以此进行对比实验，瞧瞧它们接下来会出现什么变

[①]　细胞完好无损时，本身无臭的蒜氨酸存在于细胞质中，而蒜氨酸酶则存在于液泡中，双方由薄细胞膜隔开。细胞破碎，双方接触后，蒜氨酸会被蒜氨酸酶分解，生成蒜素这种拥有特殊气味的化合物。

化。这就是我们打算做的。我们和北卡罗来纳州首府罗利市的两所高中的学生携手试做了名为 puhadi[①] 的炖菜，一锅放蒜，而另一锅不放。[2] 接下来，我们研究了在室温下放置数天后，这两锅炖菜中的病菌滋生情况。这道古老菜品源自耶鲁大学的古巴比伦系列收藏，是距今已有 3600 年历史的楔形文字石板上刻画的诸多食谱之一。[142] 前几年，哈佛大学和耶鲁大学的学者们在《古美索不达米亚开口说话》（*Ancient Mesopotamia Speaks*）中重现了这些食谱。[143] 几乎每个食谱都添加了两种及以上的葱属植物作为香料。我们之所以选择 puhadi 这道古巴比伦风炖羊肉，就是因为它的开创者在食谱中调配了整整四种葱属植物，包括洋葱、波斯葱、大蒜和大葱。食谱如下："炖羊肉。主料，羊肉块。备好水，先丢入肥肉，接着加细盐、干麦饼、洋葱、波斯葱和牛奶，捣碎后放入大蒜和大葱。"也许早在古巴比伦时代之前，类似的蒜味炖菜就已经在巴比伦及其他地区流行了。

出锅后，学生们按照是否加入了葱属植物将 puhadi 分为两组，每组都有好几盘样品。接着，他们耐心观察两组样品的后续变化并兴奋地发现，没有添加葱属植物的样品很快就腐败发臭，而添加了葱属植物的样品接连几天都几乎毫无变化。

古人类利用葱属植物的方式与我们的预期似乎一致，即最初是将这些香料用作天然抗菌剂。葱属植物具有抗菌效果，即使被

---

① puhadi，美索不达米亚地区最为古老的炖羊肉食谱之一。

添加到食物中也是如此。而且，即使人类的天性是避开这些植物（它们也希望用浓烈的气味赶走人类），但我们还是学着爱上了它们。如果香料普遍用于保存食物，那么我们便有机会就香料的使用环境和运用方式，找到一些广泛适用的模式。我们估计，在闷热潮湿、病菌生长迅速的区域，当地人普遍会使用香料。我们能轻易推导出这个结论，却难以验证它。谢尔曼教授及其学生詹妮弗·比林（Jennifer Billing）作出了一番尝试。通过收集全球各地的食谱并对比不同食谱中平均使用的香料种类，他们发现，正如所料，气候越为闷热的地区，当地食谱中平均使用的香料种类就越多（图6.3）。当然，其中还可能存在别的原因。例如，在温暖潮湿的地方，植物多样性更为丰富，有潜力成为香料的植物也就越多。理论上，可以从统计学角度辨别两种解释的可靠程度，但到目前为止，尚未出现相关研究。

据谢尔曼教授及其学生詹妮弗·比林推测，相比素菜（历史记载中较少致人生病），香料更多见于食源性致病菌更为青睐的荤菜之中。至少按照他们的初步分析，事实确实如此，然而，他们可能并非从全球所有文化和食谱中随机抽取了研究对象。一些（或曾经）最为依赖肉食的民族，比如亚马孙河流域或北极地区的狩猎采集者，就很少甚至不会使用香料，而这些文化的食谱在研究中却并未得到充分体现。尽管如此，谢尔曼教授及其学生詹妮弗·比林的分析至少表明了烹饪肉食过程中确实经常使用香料。

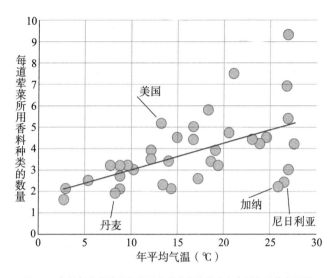

图 6.3　各国每道菜肴平均所用香料种类的数量与各国年平均气温的
关系。圆点代表国家。位于温暖地区的国家食谱更加复杂，香料丰
富的荤菜尤为繁多。长斜线之下的国家，如丹麦、加纳和尼日利亚，
所用香料种类少于根据其年平均气温所作的预估。长斜线之上的国
家，如美国，所用香料种类则高于预估数值。

　　在烹饪肉食时添加香料调味并非现代社会的专利。不信
来看看古罗马美食家马库斯·加维乌斯·阿皮修斯（Marcus
Gavius Apicius，约公元前 80—公元 20 年）在《论烹饪》（*De re
coquinaria*）中介绍的这道荤菜。[1]阿皮修斯在书中写道，要做这
道菜，只需要：

<hr>

[1]　这位古罗马美食家因热爱奢华精致的美食而闻名，他在《论烹饪》中记载了约
　　400种罗马食谱，大部分都采用了丰富的调味手法，使用了香料、调料和酱料。

备好胡椒、欧当归、欧芹、干薄荷、小茴香和酒渍花瓣。加入杏仁或本都（Pontus，位于今土耳其境内）的烤坚果、少许蜂蜜、葡萄酒、醋和肉汤用于调味。锅中倒油，加热并调和酱汁，再拌入绿芹菜籽与猫薄荷。切开禽肉，涂满酱汁。

据我们计算，这道美食中至少有七味香料。不过即使未加任何香料，这份菜品也很美味，它含有许多自然界的抗菌化学物质，即便放置很长一段时间，也不会显露腐败迹象。

似乎有证据表明，某些香料的运用与它们能够抑制食源性致病菌有关。人们学着爱上了那些有益健康的香料，也很快学会了避开那些令人不适的香料及配料。而人类拥有这种学习能力的关键之处在于能够认识气味，并将它们分为美好的与糟糕的。

然而，这并不是全部。首先，在很多情况下，可以入药的香料在某些地区几乎没有发挥其药用价值。例如，想象一下，你在意大利南部，享受一份涂着本地橄榄油、散发蒜香的玛瑞娜娜比萨（La Pizza Marinara）[①]。新鲜出炉的比萨正处于最佳赏味期。这款比萨（纯素）引发食源性疾病的可能性无限趋近于零，因此

[①] 作为玛格丽特比萨的姐妹版，La Pizza Marinara可直译为"水手比萨"或"渔夫比萨"，但这并不是一款海鲜比萨，甚至连奶酪都没有！这种纯素食比萨由比萨饼皮配上西红柿、大蒜、牛至和橄榄油烤制而成。由于不含奶酪，它放上两三天都不会变质，非常适合作为出海捕鱼的干粮，因此得名"水手比萨"。

大蒜的杀菌作用在此可能毫无用武之地。所以，很可能会出现这种情况，即便特定香料的运用始于其杀菌作用，人们也可以开发出它的其他功能，即赋予食物全新的味觉维度，使之提供更为有趣且刺激、提神的风味。但我们（此处指大部分西方人）太爱大蒜了，所以很难想象有人会不喜欢它。因此，以啤酒花为例来阐释上述情况，可能更加简明易懂。

啤酒花有个古怪的拉丁学名"蛇麻花"（*Humulus lupulus*）。这种花（松果状的果穗）最早是作为一种食品安全措施而添加到啤酒中的。我们能确定这一点，不仅是因为它发生在中世纪，[①] 还因为啤酒花的使用原因有史可依。在酿酒过程中添加啤酒花有助于杀死病菌，避免啤酒变质。因此，用啤酒花酿造的传统啤酒既耐储存，又便于运输。但是，加入啤酒花后，香味独特、略带苦味的啤酒最初并未令酒徒们眼前一亮。即便在今天，也有许多不习惯啤酒花风味的酒客会另作他选。然而，随着时间的推移，越来越多的人爱上了啤酒花带来的清爽苦味。它为啤酒增加了一个全新而令人陌生的维度。有些啤酒爱好者陶醉于啤酒花的风味，认为它能带来愉悦（没人希望胎儿形成这种偏好，但它确实可能发生）。如今，啤酒花的防腐价值已不再重要（现代的啤酒酿造过程中有许多抑菌手段），我们之所以继续添加啤酒花，是因为它能赋予啤酒独特的风味，那是一缕回味悠长的苦涩，也是啤酒

---

① 中世纪的瘟疫横行与饮水安全得不到保障有关，啤酒成了饮用水的绝佳替代品。

花发出的警告。我们喜欢这种风味，虽然它只想赶走我们。

退一步讲，我们完全能够设想出这种场景：在潮湿闷热的环境中（致病菌会迅速滋生），在没有条件冷藏食物的地方，以及在其他一些致病菌极易造成不良后果的情况下，某些香料功能的重要性就尤为突出。但我们也可以这样预测，在食物风味寡淡，极度需要为料理享受开拓全新维度的地区和文化中，人们会加大对香料的使用。随着作物被驯化①，人类的饮食，特别是城市居民的饮食，正越来越缺乏多样性，并逐渐为大米、小麦、小米或玉米等单一谷物所主导，此时便会出现上述情况。换句话说，香料可能是另一种使食物比原先更令人愉悦的工具。按这种说法，我们用香料给一盘简单的炒饭调味增香，与黑猩猩使用工具采食蚂蚁并无太大区别。这种可能性貌似合理，但很难置于历史背景中予以研究。如果打算弄清在人类从食物中获得快乐的过程中，香料所扮演的角色，最简单的方法或许是研究那些不具备抑菌能力的香料。

从图 6.2 我们可以发现，虽然一些香料有着卓越的抗菌效果，但并非所有香料都如此。黑胡椒就是其中之一，它在保存食物和预防食源性疾病方面似乎效果甚微。古往今来，黑胡椒都是欧洲香料界的宠儿。正是小小一捧黑胡椒，驱使哥伦布出海

---

① 驯化是将野生动物和植物等的自然繁殖过程变为人工控制下的过程，不仅适用于动物。

远航，寻找通往印度的新航线。在某些历史时期，黑胡椒的价格甚至高过黄金[①]。然而，在当代食品安全专家，比如我的同事本·查普曼（Ben Chapman）[②]眼中，黑胡椒可能携带食源性致病菌。[144] 这些病菌在胡椒的缺口裂缝之间来回流窜，玩得不亦乐乎。所以，人们最开始似乎并不是为了抑制食源性致病菌而使用黑胡椒，可能单纯是想给食物的风味增加新的维度，而黑胡椒恰好能提供独特的香气与风味。不过，它还能产生另一种效果。

有几味香料能在我们的舌尖触发某种与一类特殊味道有关的受体，黑胡椒就是其中之一，这种味道极为独特，却被冠以"化学物理觉"（chemesthesis）这个晦涩乏味的学名。当食物中的化学物质触发与触觉和痛觉有关的受体时，人体便会产生"化学物理觉"。黑胡椒中的主要刺激性成分是胡椒碱（黑胡椒是胡椒属，*Piper* 在拉丁语中也有"胡椒"之意），这种活性成分可与我们口腔内的受体 TRPV1 完美匹配，后者经过进化，能在特定温度下得到激活。如果你抿了一口滚烫的咖啡，TRPV1 就会向大脑发送信号："嘴里冒火了！"当黑胡椒中的胡椒碱散落在同样的受体上时，也会将其激活，发送与感到高温时一样的信号。黑胡椒会带来烧灼感是因为胡椒碱的"钥匙"恰巧能打开 TRPV1 的

---

① 欧洲地区的温带海洋性气候和地中海气候不适合大部分香料的种植，所以胡椒、丁香、肉桂、肉蔻、生姜等香料大多依靠进口，经层层转手后，它们的价格自然高得惊人，成为贵族彰显身份的奢侈品。

② 本·查普曼，北卡罗来纳州立大学教授，食品安全专家。

"锁头"。所以它其实是在欺骗大脑，让你以为口腔在燃烧。此时，你的身体反应就像不慎含了块灼热的石头。

黑胡椒中的胡椒碱并不是唯一能够打开 TRPV1"锁头"的化学物质，辣椒中的活性成分辣椒素同样能够激活 TRPV1，但这还没结束。某种存在于肉桂树皮中的化合物也有着与辣椒素、胡椒碱相似的作用，只是效果相对温和。与之结合的受体，和与辣椒素、胡椒碱结合的受体是同一种。辣根、山葵和芥菜中的化学物质都能与该受体结合。不过，这三者所触发的 TRPV1 却不在口腔中，而是位于我们的鼻腔内（这里也存在 TRPV1 受体，因此我们不仅会觉得口唇发烫，还能感到呛鼻上头）。若是多来上几口，我们的口、鼻恐怕都会出现刺痛感和灼烧感。当我们食用薄荷时，相反的刺激却会引发类似的反应。包括留兰香薄荷、日本薄荷在内的大多数薄荷都含有薄荷醇。我们能嗅到薄荷醇的气味，而当它一旦进入口腔，就会触发能为寒冷所激活的受体（TRPM8，如果你关注了 2021 年的诺贝尔奖，那你一定记得这个）。[①] 薄荷醇因而可使口腔感到冰凉酷爽。与黑胡椒、辣椒没有亲缘关系的花椒[②] 既会触发热敏受体（TRPV1），也能激活 KCNK 和 TRPA1 受体。出于某些尚不明确的原因，这些受体在

[①] 戴维·朱利叶斯（David Julius）和阿登·帕塔普蒂安（Ardem Patapoutian）各自独立地使用化学物质薄荷醇来鉴定 TRPM8，这是一种被证明可以被寒冷激活的受体。二人共同获得 2021 年诺贝尔生理学或医学奖。

[②] 辣椒是茄科辣椒属，花椒则是芸香科花椒属。

触发后会产生一股刺痛感。

　　植物之所以生产上述化合物，就是为了淘汰那些不在其计划之内的种子散播者——至少部分植物确实如此，辣椒就是其中之一。鸟类的喙内有种可以感知热度的受体，但它们与哺乳动物的受体存在些微差异，辣椒素无法激活鸟类的受体。所以，鸟类在吃辣椒时不会有灼烧感。这样看来，辣椒之所以进化出含有辣椒素的果实，部分是为了将自己的种子散播者限定为鸟类。如果不用辣椒素武装自己，果实就可能白白便宜了啮齿动物，后者不太可能将种子散播到远方。有了辣椒素后，啮齿动物便对辣椒避之不及。啮齿动物的认知能力有限，无法意识到口腔内的灼烧感其实不会造成任何实质性的伤害。而同样食用辣椒的鸟类却根本察觉不到这种灼烧感，它们会叼起果实，仰头吞下，接着飞过田间地头，"泼洒"种子。① 此外，辣椒素还能帮助辣椒更好地抵御真菌的侵扰。所以，含有辣椒素的辣椒更有机会将种子散播到远方，来到陌生环境后，种子也有较高的存活率。

　　然而，这些都无法解释人类为何会将辣椒或黑胡椒用作香料。相反，它揭示了一些全然相反的情况，即植物生产辣椒、黑胡椒及其他香料所含的活性成分，并能引发相似的效果，不是

---

① 对于会飞的鸟类而言，控制体重十分重要，它们的肠道大多很短，这样便能一边飞行，一边"减重"。

简单的警告信号，而是针对我们这类动物所专门设计的警告信号——"哺乳动物，一边去！"关于人类为何使用这些香料，其中一个解释是，它们为食物提供了特殊的全新维度，使食物成为刺激的料理。

有的人喜欢在桥上蹦极。多亏了化学物理觉，我们得以通过品尝那些貌似危险实则无害的食物，在日常生活中享受到仿若蹦极的刺激。这是心理学家保罗·罗津（Paul Rozin）[①]根据自己对猪、犬类、老鼠、人类和两只黑猩猩的研究，收集证据后所提出的假设。罗津教授重点关注辣椒，不过研究黑胡椒或花椒对他而言也是小菜一碟。

在一项以人类为对象的研究中，罗津教授打算研究辣椒的辛辣程度与人们对辣味的认知之间的关系。他挑选了一组研究对象，受试者们有的怕辣，有的喜欢辣。然后，他一块又一块地喂给受试者含有辣椒素的饼干，并在这一过程中逐步增加饼干中的辣椒素含量，直到受试者表示"不要了"。接着，他询问受试者哪种饼干味道最棒。受试者们可能对所有辣味饼干都提不起胃口，或是认为某一辣度的饼干最为美味（这一辣度的辣椒在食物保存方面效果最佳），也有可能他们的口味偏好是完全随机的。但事实上，受试者们倾向于认为，自己所能忍受的最辣饼干就是最为美味的一款。他们喜欢这种近乎剧痛的辣味体验。人们

---

① 保罗·罗津，宾夕法尼亚大学心理学教授，提出了"良性自虐"理论。

会通过食用辣椒来享受危险带来的生化快感，这并不奇怪。痛苦和恐惧都会向大脑发出信号，前者让我们停下手头的事，后者则催促我们快点逃跑。然而，它们也会触发内啡肽及其他脑内化学物质的分泌。所以食用辣椒可能会带给我们逃离危险的快感，而无需真的奋力逃亡或在生死边缘徘徊。罗津教授的这项研究并没有很大的样本量，却获得了有意思的发现。基于该研究和其余类似研究，罗津教授提出，人类之所以爱吃辣椒，就是因为它们貌似危险却不会造成实际伤害，于是我们可以用辣椒实现"良性自虐"。[145]罗津教授认为，良性自虐是人类独有的特点。简而言之，他认为，我们足够愚蠢，居然会为伤害自己而感到享受；也足够聪明，知道这些伤害并不真实且终将消失。

在罗津教授看来，为了享受辣椒带来的快感，哺乳动物必须学会忽视食物发出的危险信号，并认识到这些警告其实是在虚张声势。罗津猜测，这可能是人类独有的能力，就算不为人类所独有，至少也仅限于人类和懂得信任人类的物种。显然，除人类之外，许多物种都存在学习能力，但一般的学习能力可能并不足以使它们爱上辣味。动物需要拥有非凡的自我意识或极为信任人类，才有可能爱上会引发化学物理觉的香料。为了展开进一步的探索，罗津教授选择了宠物狗和猪作为实验对象。他打算测试宠物狗和猪是否懂得享受味道辛辣的食物，无论它们是因为自我意识、信任人类，还是综合两者而爱上了辣味。众所周知，犬类能够爱上很多气味。猪也如此。但无论以何种标准衡量，两者的自我意识都不及人类。如果学着爱上香料要求它们认识到口中的灼烧感并不是真的烫伤，那么狗和猪可能很难爱上香料，哪怕它们每天都在吃辛辣的食物。

罗津教授特意前往了墨西哥瓦哈卡州的一处村庄，当地人无辣不欢，连喂给狗和猪的剩饭都较为辛辣。罗津教授拜访了二十二位居民，询问他们家的狗和猪是否喜欢辛辣的食物。尽管觉得这个问题十分荒唐，受访者还是一五一十地回答了。在二十二名受访者中，只有两位认为自家的狗偏爱辛辣的食物。于是，罗津教授在实验中为这两条狗分别准备了辛辣的和不辣的食物。结果显示，它们选择辛辣的或不辣的食物的概率几乎相同。因此，它们并不是偏爱辣椒，只是不在意食物辛辣与否。这些狗中，有二十条不喜欢辣椒，剩下的两条则对辣味毫不在意。[146]如果动物爱上辣味不仅需要察觉到辣椒与美食有关，还得有清醒的自主意识并能判断出口中的灼烧感只是一种假象，那么这个实验结果可以说是意料之中。

作为补充测试，罗津教授又对两组老鼠进行了实验。一组老鼠自出生伊始就被喂食辣椒，另一组老鼠最初的食物不含辣椒，而在后续的食物中慢慢添加辣椒。无论是从出生开始吃辣椒，还是在成长过程中逐渐食用辣椒，两组老鼠都有充分的机会去形成辣味嗜好。然而，在面对辛辣和不辣的食物时，两组老鼠仍会选择不辣的食物。实验数据似乎表明，老鼠无法领会到辣椒的好处。为了确认事实真相，罗津教授增设了条件。同样是让两组老鼠在不含辣椒和掺入辣椒的食物之间作出选择，不过这次，他在不辣的食物中加入了一种会致使老鼠呕吐的化合物。在接下来的测试过程中，尽管每次进食后都会呕吐不止，老鼠们仍然偏爱不辣的食物。像狗和猪一样，老鼠似乎也无法学会爱上辣椒。[147]好吧，下次保罗·罗津递来食物，我一定会多加小心。

总体看来，哺乳动物似乎无法学会爱上辣椒，只有两个例外。一个是人类；另一个则是少数由人类驯养的哺乳动物，它们要么足够聪明，能够意识到辣椒引发的痛感不会造成真实伤害，要么极为信赖喂给它们辛辣食物的主人，相信这种食物安全无害。到目前为止，能够做到这些的哺乳动物仅包括两头由人类照顾长大的黑猩猩、两只宠物猕猴，以及美国的一条非常信任主人的狗，它的名字是"穆斯"（Moose）。[148]罗津教授虽然没有用黑胡椒、花椒或是薄荷重复进行实验，但针对这些香料的研究结果很有可能大致相同。

回来继续探讨香料与人类之间广泛深远的故事，我们认为，随着研究的推进，我们将发现，就像香料内的化合物在自然界中扮演着众多角色一样，在人类历史上，香料也发挥了诸多作用。当人类开始长期储存食物并定居某地时（大约发生在原始农耕文明诞生之前不久），可能就已经开始将某些香料添加到食物中以防腐保鲜。发生在鼻子和大脑中的潜意识学习能让人类轻而易举地学会爱上那些有益于食品安全的香料。有些香料还给饮食增添了几分乐趣，这一点在人类驻地越来越大、美味可口的物种越来越少的情况下，有着特殊的意义。有时，香料能令人愉悦，赋予食物复杂的味道或风味，有时则会带来刺激感。随着农作物的驯化和人类驻地的不断扩大（感染食源性疾病的概率上升），香料的风味、对健康的益处以及所能提供的刺激也相应增加，与此同时，人类在享用普通的菜肴时，也开始配上相对清淡的主食，如大米、木薯、玉米或小麦。一旦人类开始普遍运用香料，它们的命运就会随着历史变化无常。有些香料会因为稀有而变得昂贵。有些则被视为拥有魔力、能催发情欲，或是两者兼有。但所有这些香料的风味都源于植物在生存斗争中用于自保的化学物质，无论人类如何运用它们，这些化学成分原本都是为了防御、斗争和繁衍而生产，它们的身影几乎在餐桌上的每一道菜品中都会出现，而人类对这些化学物质的了解才刚刚起步。[3]

第七章

臭马肉与酸啤酒

把烈酒献给决心赴死的人，将清酒端给心思苦闷的人。让他们把酒喝下，就此忘却自己的贫穷与苦楚。

——《箴言》

在筹备本书的过程中，我们有幸拜会了诸多学者，就食物的方方面面与他们展开讨论。通常，经过一段时间的交流，我们意识到人类的集体认知存在巨大差距。有时，即使不能消除差距，我们至少可以缩小差距。酸味便是如此。

由于酸味的与众不同，在探讨味觉的第一章中，我们并未对其进行详述。对人类来说，酸味并不像甜味那般讨喜，也不像苦味那样令人反感。伴随着年岁的增长，我们能够学着爱上一些味苦但有益的食物，比如黑巧克力、苦茶、黑咖啡和啤酒花；但酸味却不然。婴儿生来就会对酸味有反应（噘嘴）。[149] 大多数孩子都喜欢酸味，而不同的成年个体以及不同文化中的人们对酸味的反应却各不相同。其中，有一些是学习的结果，另一些则是遗传所致。我们对酸味的感觉是先天遗传与后天学习的混合产物，很难将来源区分清楚。我们尚不清楚为何人类当初会有酸味受体。让人无奈的是，目前，所有关于那些酸味受体的解释都还不够完备。

　　一种假设认为，动物进化出酸味受体是为了避免摄入可能对自身造成伤害的酸性食物。这个猜想有一定的道理，但在自然界中，酸性强到能对进食者造成伤害的食物很少。在自然界中，动物可能接触到的强酸物质可能来自某些水果，或是猎物的胃酸，以及无意间喝下的火山温泉水。当然，还有其他可能性，此处不一一赘述。另外，该猜想还假定酸味和苦味一样会让动物感到不悦，但是，至少有某些物种并不一定嫌恶酸味，比如人类。第二种假设围绕维生素 C 展开。莫耐尔化学感官中心的味觉进化专家保罗·布雷斯林（Paul Breslin）[1]认为，酸味会驱使一些动物去寻找富含维生素 C 的酸味水果。维生素 C 别名抗坏血酸，这种物质会让植物的味道变酸。以酢浆草属（拉丁学名: *Oxalis L.*）[2]的草类植物为例，由于含有抗坏血酸和草酸，它们的味道较为酸涩。对于灵长类等无法在体内自行合成维生素 C 的动物，

---

① 保罗·布雷斯林，美国罗格斯大学营养科学系教授，主要从遗传角度研究味觉感知，以及味觉对营养摄入的影响。

② 酢浆草属，酢浆草科下最大的属，一年生或多年生草本。——编者注

特别是那些很难从生存环境中获取维生素 C 的草原动物而言，甄别富含维生素 C 的食物的能力十分重要。[150] 这是个新颖有趣的假说，然而，它只涵盖了那些会被酸味吸引的物种。关于动物进化出对酸味的感知还有形形色色的解释，但无一接受了详细研究，也没有哪个的说服力强于上述两种假设。酸味依旧成谜。本书也未能解开其中奥秘。不过，关于史前时期最后 200 万年中酸味可能扮演的角色，我们也许能提供些许见解。

罗布曾应邀前往葡萄牙辛特拉的某座宫殿，参加一场由温纳-格兰人类学研究基金会赞助的会议。来自六个领域的多国学者汇聚一堂，就发酵食品、发酵食品的食用和发酵饮料的饮用展开了为期一周的交流探讨。罗布觉得这场会议让他受益良多。在那里，他与美国西北大学的灵长类动物学家凯蒂·阿马托相谈甚欢。罗布和她的交流让我们逐渐认识到，酸味可能在哺乳动物的进化，至少在灵长类动物最后 3000 万年的进化中，扮演了某种角色。会上，凯蒂就发酵的起源做了一场别开生面的演讲。她在演讲中提出，古人类可能早在几百万年前就已经主动地发酵水果。她的演讲勾起了我们对酸味受体的思考，结合她的猜想，我们对酸味受体的一些影响（而不是它们的诞生）有了更为清晰明确的认识。

在微生物学家看来，发酵就是一切由微生物作用，将碳化合物转化为能量的过程，且通常在无氧条件下进行。至于人类饮食背景下的发酵，我们倾向于将其定义为产生人类能摄入的食品饮料（比如酸啤酒①、德国酸菜、味噌和清酒）的诸多转化中的一类。谷物、根茎、水果及其他植物部位具有多种多样的发酵形式，但最为常见的只有两种：产生酸性食品饮料的发酵和产生酒精类食品饮料的发酵。前者基本以乳酸菌和醋酸菌发酵为主，后者则以酵母菌发酵为主。不过，许多发酵，特别是那些由野生微生物造成的发酵，事实上是这两类发酵形式的混合，因而在酸中又带有几分酒味儿。酸啤酒、康普茶②和酸面包都是如此。

植物学家乔纳森·萨奥尔（Jonathan Sauer）③在其最先提出的一个食物历史模型中表示，用于制造酸啤酒、酸面包的微生物是人类驯化的首个物种。接着，在驯化了这些微生物后，古人类发现自己需要给它们提供更为可靠的食物来源。也就是在那个时候，古人类开始驯化谷物以喂养微生物，从而酿造啤酒。按这个说法，微生物才是正主，农作物只是嫁衣。[151]

在一定程度上，这种观点的确合理，从历史角度也挑不出什么毛病。在以色列一处 13 000 年前的狩猎采集者考古遗址中，

---

① 酸啤酒，一种古老的啤酒，由于缺乏有效的灭菌手段，细菌或野生酵母菌加入发酵过程，形成了各种风格的酸味。

② 康普茶，一种甜味碳酸饮料，由酵母、糖和发酵的绿茶或红茶制成。发酵后，红茶菌会自然碳酸化，产生碳酸饮料。

③ 乔纳森·萨奥尔（1918—2008），植物地理学家，曾任五角大楼的气象专家，后为加州大学洛杉矶分校地理学名誉教授，主要从事有关植物分类学、植物地理学、经济植物学和植物进化的教学研究。

斯坦福大学的考古学家刘莉 [①] 及其同事在基岩上发现了一些人工挖凿的石槽，以及单独在巨石上凿出的坑洞。古人类会将装满谷物及其他植物的篮子放在巨石上的坑洞内，接着用一些石块压住篮子。刘莉及其同事认为，这些石槽会被用于发酵某种大麦啤酒。她推测这种石器时代的啤酒度数很低，且味道可能偏酸。当酒液发酵到一定程度，味道可以入口后，古人类就会用小点儿的容器来舀酒，甚至直接上手捧酒喝。[152] 在以色列的这处遗址，考古学家发现了迄今为止最为古老的大麦发酵的潜在证据，在原始农耕文明诞生以前，古人类可能就已经开始发酵大麦，酿制啤酒。

关于以色列的这处遗址是否能证明古人类已经学会酿酒，考古学家们还在争论不休（没有确凿证据表明这些石器曾被用于酿酒）。然而，在我们采访过的考古学家中，即使是那些对该遗址的重要性持怀疑态度的学者，也觉得 13 000 年前的古人类会酿造啤酒的说法并非空穴来风。在其他地区，酿酒也可能先于农耕而发生。不列颠哥伦比亚大学的人类学家约翰·斯莫利（John Smalley）和迈克尔·布莱克（Michael Blake）认为，美洲的古人类在驯化玉米之前，似乎曾将玉米茎秆发酵为某种酒精饮料。大刍草（teosinte，又名墨西哥野玉米）是玉米的野生近缘种，

---

① 刘莉，美国斯坦福大学东亚语言与文化系教授，毕业于陕西省西北大学历史系，后赴美深造，成为国际上中国考古学研究的领军人物。她在以色列卡梅尔山脉的Raqefet山洞里发现了古人类酿酒的潜在证据。

在野玉米粒的食用价值显现之前，古人类就已经爱上了它那富含糖分，适合发酵的茎秆。[153] 而且，正如斯莫利和布莱克所指出的那样，玉米茎秆也许并非古代印第安人最初尝试发酵的食物，水果明显更有可能成为他们的首选。

古人类之所以驯化大麦、玉米和大米，部分程度上可能是为了获取更多糖分，以酿制发酵饮料。与其他饮品相比，这种饮料至少更加干净卫生，还能为人类祖先提供丰富营养。发酵饮料中的酒精成分会使他们沉醉其中，欲罢不能。按照这种说法，发酵诞生于原始农耕文明之前，随着农业的发展，发酵工艺也变得愈发繁复。在这个故事中的食品和风味的时间轴上，发酵出场的时间正好与香料的首次运用和原始农业诞生的时间点十分接近。在葡萄牙所做的演讲中，凯蒂·阿马托解释了自己为何不认可上述说法，并指出这种论断即便不算谬误，也不够完整。

凯蒂曾在中美洲热带雨林里追寻吼猴的踪迹（搜索它们的粪便以研究其肠道微生物）并凭借自己的发现取得了学位。[154] 她既擅长捕捉灵长类动物生物学中他人所忽略的现象，又能将自己的发现置于更为广泛的灵长类动物研究背景下。这正是她在演讲里着重提出的发现之一。

在辛特拉会议上发表演讲之前，凯蒂向来自全球各地的研究人员询问他们所观察到的灵长类动物与发酵食物之间的相互影响。利兹·马洛特（Liz Mallot）与她分享了自己的发现。利兹在哥斯达黎加工作时，注意到了白面僧帽猴（拉丁学名：*Cebus imitator*）与巴拿马天蓬树（拉丁学名：*Dipteryx panamensis*）的巨大果实之间的有趣故事。要想理解利兹的故事，我们需要了解巴拿马天蓬树的三个特点。首先，它们通常能长到 30 米甚至更高。其次，它们选择了史前巨兽来帮自己散播种子，那些巨大的果实原本是为大地懒这类物种准备的，它们习惯捡食掉落在地的果实。[155] 最后，要强调的是，这种树每隔一年只会结一次果，因此，在任意一年，有的树会挂满果实，有的则空无一物。

那天早上，利兹和平常一样享用了豆子炒饭（前一天剩下的）和炒鸡蛋。接着她出门观察猴群。当她发现僧帽猴时，它们正聚在一株硕果累累的巴拿马天蓬树边上（它恰巧在这年结果）。但是，过去能够帮助它散播种子的史前巨兽已经彻底灭绝，现在围着它的这群猴子，几乎不可能将其破开。当然，某些上下颌强力的猴子还是可以直接咬开果实，但它们很少这么做，并在这一过程中表现得十分不悦。然而，这次利兹观察到了非同寻常的现象。一些成年僧帽猴爬到了 30 米高的树顶，接着将巴拿马天蓬树的果实丢下树梢。巨大而坚硬的水果砸到地面时会闹出不小的动静，作为灵长类动物学家，利兹对自己的发现感到很兴奋，直到她意识到自己恰好站在猴群的正下方。地心引力对灵长类动物学家一向不怎么友好。

猴子投掷果实的行为并不稀奇，但很少有猴子会费力爬到树顶后再这么做。况且，一番折腾后，僧帽猴最终还是没能吃到果肉。感到有点儿疲倦的猴子们从巴拿马天蓬树顶爬了下来。这时，树下已经落满了猴群的劳动成果，但它们依旧奈何不了这些果实。猴子们打了几个滚儿，相互呼喊应和几声，便成群结队地离开了。但这并非永久的放弃。正如利兹接下来所观察到的，猴群只是暂时远去。落在地上数日后，果实慢慢有了腐败迹象，就在这时，猴群返回，检查这些掉落的果实。它们会享用——也只会享用——那些完全烂掉的果实（褐色的果皮已经发黑变软，露出了绿色的果肉）。

扔下果实，耐心等待，特意回来享用腐败的果实，这一连串行为，利兹目睹了不下三次。在她看来，唯一的解释是，僧帽猴是故意将果实丢落在地，任其自然发酵的。因为一旦发酵，果实就会变软且更易消化。在乳酸菌的作用下，它们可能还带有几分酸涩，以及某种利兹觉得与发酵的豆子相似的香味。[1] 而酵母菌则会赋予果实一定的酒味。[156] 实际上，发酵后的果实就好比一小碗天然的康普茶，其孜然香气的种子还起到了调味作用（这也是当地人的常用香料）。简而言之，利兹认为僧帽猴已经懂得借助发酵来食用一种专为史前巨兽准备的果实。微生物就是它们的工具。

结合利兹·马洛特等灵长类动物学家的发现，凯蒂·阿马托认为，我们的祖先可能早在数百万年前就已经掌握了水果发酵手段。如果她是对的，那么在以色列找到的早期发酵的痕迹（若得

图 7.1　在哥斯达黎加，利兹·马洛特观察到一只白面僧帽猴正在享用发酵后的巴拿马天蓬树果实。它们因为头顶的黑色簇毛酷似修士的帽子而得名"僧帽猴"。

到证实）就足以证明当时的古人类已经拥有了复杂的发酵技术，所以才需要更大更耐用的酿酒容器。但这个猜想尚存在一个有趣的小漏洞，即僧帽猴是如何判断果实有没有安全地发酵的。对猴子而言，借助微生物发酵水果的难度并不高于使用其他工具，比如举起一块精心挑选的石头，砸开放置在砧板状扁平岩石上的棕榈仁（另一种僧帽猴已经学会了该技能）。[157] 聪明到能实现这一操作的动物，自然也能掌握另一种本事。关键在于微生物。发酵即为腐败。全球食品安全体系就是围绕着控制食物腐败而建立的。以错误方式腐败的食物相当危险，而以正确方式（对人类而言）腐败的食物，则会为我们带来美味的啤酒、面包、康普茶和火腿。僧帽猴或几百万年前的人类祖先是如何确认食物是否按照正确的方式腐败的呢？原始丛林的水果可不会给自个儿贴上"最佳赏味期"的标签。

在演讲中，凯蒂提出了另一种可能，即灵长类动物能根据酸度判断发酵食物的安全性。有些种类的水果即便熟透了也依旧十分酸涩，比如柠檬、梅子、野苹果以及某些葡萄。然而，一旦水果在细菌，或确切而言，在某些特定细菌的主导下腐败发酵，那么再甜美的果实也会变味、发酸。无论是肉类还是水果，在腐败后都会带有酸味，这是两种细菌的杰作，一为产生乳酸的乳酸菌，一为产生醋酸的醋酸菌。这些乳酸菌和醋酸菌所分泌的酸性物质，其实是它们消灭竞争对手的一种手段。而它们的敌人恰好就包含对哺乳动物有害的菌种。因此，发酵得到的酸性食物很少会携带致病菌。那些制作酸面包、酸菜或酸啤酒的人对此早有了解，这也使得凯蒂提出，灵长类动物或许能凭借酸味区分腐败食物的好坏。对于那些会为酸味感到愉悦的灵长类动物来说，利用酸味去判断腐败食物是否安全只是小菜一碟。当然，这并不意味着动物最初是为了检验发酵食物的安全性，才进化出了酸味的味觉乃至对酸味的偏好，这种进化应该是出于其他原因，只是面对发酵时起到了生物 pH 试纸的作用。

问题在于，尚无生物学家就哪些动物会使用酸味受体检测酸度编制出相应的物种名录，更不消说对这些物种是否喜欢酸味展开研究了。虽然科研人员近期发现了控制酸味受体（OTOP1）

的基因，但不幸的是，该基因在人体中发挥着多种作用，比如参与内耳中维持人体平衡的前庭功能的建设。①因此，我们可以研究接受 OTOP1 基因敲除、敲入后的动物对酸味刺激的反应，但对于研究发现，应慎重作出解释，因为这类基因变化也有可能与物种的酸味感知毫无干系。

　　葡萄牙之行结束后，罗布打算用传统的研究方法来解决这一问题，首先是全面回顾不同科学领域的旧有研究。这有何难？在罗布的鼓励下，汉娜·弗兰克（Hannah Frank，罗布在风味课上所教的学生）开始汇编那些与能尝出酸味的物种有关的文献记录，并确认所记载的物种中哪些喜欢酸味，哪些反感酸味。她得到了既明确又惊人的结果。明确之处在于，她从中得出了哪些动物可以尝到酸味。迄今为止所有研究中的哺乳动物、鸟类、鱼类和两栖动物都能凭借自身的酸味受体检测酸度。在数亿年前，当陆生脊椎动物的鱼形祖先尚未离开海洋的时候，脊椎动物似乎就已经能够感知酸味了。至少到目前为止，结论确实如此。不过，还有许多哺乳动物和鸟类未曾得到研究。例如，除了一项年代久远、结论模糊的关于家犬的研究外，几乎就没有其他针对食肉动物或食腐动物与酸味的研究。据汉娜统计，科研人员大约探索过

① 即"otopetrin-1"质子通道，与酸味检测有关，也是内耳中形成耳石所必需的基因。敲除该基因后，酸味受体细胞不再对酸刺激作出反应，实验小鼠的味觉神经对酸的反应也严重减弱。而在基因敲入的动物中，当研究人员在甜味细胞中表达酸性受体OTOP1时，它们的甜味细胞也对酸作出了反应。

30种动物的酸味检测能力，这是一份不短的名单。惊人之处则在于这些动物对酸味的反应。几乎所有受试物种（26种）都表现出了对微酸食物的厌恶。哪怕饿着肚子，它们也不愿意食用酸味的食物。其中一些甚至连酸甜口味的食物都不屑一顾。小鼠、大鼠、牛、山羊、绵羊、黑手柽柳猴（black-handed tamarin）[①]、松鼠猴等几十个物种的情况都是如此。只存在少数例外。

第一个例外是家猪。猪的祖先属于杂食动物。它们不会错过眼前的任何食物，并且经常四处拱来拱去，相比新鲜水果，它们更可能遇到落地后腐烂的果实。第二个例外是猪尾狝猴，它们的饮食习惯与野猪相似。[158] 第三个例外是夜猴，[159] 这是种昼伏夜出，以水果为食的灵长类动物。夜猴在觅食时似乎更加依赖嗅觉，如果它们在黑暗之中更容易找到腐败的水果，那么夜猴所食用的发酵果实可能会多于其他灵长类动物。

第四个例外就是人类。我们要么天生喜欢酸味，要么后天很容易就会爱上酸味。即使是高浓度柠檬酸（橙子）、醋酸（醋）或乳酸（德国酸菜）的酸味也会使人愉悦。这些例外引发了我们对大猩猩和黑猩猩的好奇。如果大猩猩和黑猩猩喜欢酸味食物，那么人类与猩猩的共同祖先可能也会如此。如果它们对酸味食物不感兴趣，那么人类的酸味偏好，无论是近期习得还是近代进化而来，可能都形成于同猩猩在进化道路上分开之后。但汉娜的数

---

① 中文学名"黑柽柳猴"，狨科柽柳猴属，全身黑色，杂食性。

据库并未包含任何与大猩猩或黑猩猩有关的资料。在寻找相关文献的过程中，我们同样一无所获。我们了解到黑猩猩能够感知到某些酸味（基于黑猩猩的大脑对酸性食物的反应），但不清楚它们是否喜欢这些味道。于是，我们向十几名黑猩猩研究者发送邮件，咨询这一问题，但他们都不知道是否有人做过这项测试，即提供给黑猩猩不同酸度的食物，研究它们的可能偏好。接着，罗布也给克里斯托夫·伯施发了信〔其实来信和回复都是由克里斯托夫·伯施在马克斯·普朗克研究所的同事米米·阿兰杰洛维奇（Mimi Arandjelovic）转交的〕。

　　就黑猩猩是否喜欢酸性食物这一问题，克里斯托夫·伯施回了一个大写加粗的答案："它们就好这口！"随后，他还指点我们去参考一篇证明黑猩猩酷爱柠檬的论文。于是，我们回到了西田利贞关于黑猩猩所食用水果的味道研究，发现许多黑猩猩偏爱的果实要么酸甜可口，要么超酸而微甜。在探讨酸味时，西田利贞提到，灵长类动物学家乔迪·萨巴特·派（Jordi Sabater Pi）[1]早先在赤道几内亚开展研究时，也注意到了黑猩猩和大猩猩偏爱味道超酸的食物。此外，栖息在热带稀树草原（如塞内加尔的方果力地区）的黑猩猩主要食用的水果也大多是酸味的或酸甜的（至少对人类来说是酸甜的）。

---

[1] 乔迪·萨巴特·派（1922—2009），灵长类动物学家和动物行为学家，曾在西属几内亚（现在的赤道几内亚）开展研究，因发现了人类已知的唯一一头白化大猩猩"雪花"而闻名。

依照这种情况，黑猩猩和大猩猩似乎要么天生喜欢酸性食物，要么就很容易学会爱上酸味。萨巴特·派认为，这种味觉偏好可能与黑猩猩，特别是大猩猩的地面活动时间增加有关。在大约50年前，他便率先提出，黑猩猩和大猩猩在地面停留的时间越长，它们食用新鲜水果的概率也许就越小。对它们而言，掉落在地的果实比挂在枝头的果实更显眼也更易采集。当然，地上的果实也更可能腐坏。对于一种以轻度腐败水果为食的物种来说，拥有酸味味觉可以帮助它们在那些由乳酸菌或醋酸菌发酵的水果中作出正确选择。

回到凯蒂的发酵假说，如果古人类已经爱上了酸味，那么他们很可能会去探索发酵水果的安全方式，而在这一过程中，他们制作出了香气风味与康普茶相似的饮料和食品，并意识到这种香气风味与健康、愉悦挂钩。我们甚至可以想象，那些更喜爱酸味的古人类或许生存率更高。如果这种喜好可以遗传，那么他们就更有可能把偏爱酸味的基因传递下去。但正如凯蒂在演讲中指出的那样，这些还只是整个故事的冰山一角。水果等食物的腐败过程，不仅有乳酸菌和醋酸菌的参与，还有其他细菌同它们竞争。酵母菌也是它们的对手。

酵母菌以糖为食。它们会将一个单位的葡萄糖（$C_6H_{12}O_6$）转化为两个单位的二氧化碳（CO_2）和两个单位的乙醇（C_2H_5OH），苹果酒、啤酒和葡萄酒中的酒精就是这么来的。酵母菌能从这个生化魔法中获得能量，然后排出细胞中的废物——

乙醇。没错，你的美酒其实就是真菌的排泄物。但酵母菌并非一定要生产乙醇。事实上，如果酵母菌将糖类分解得更为彻底，乙醇便不会出现，酵母菌也能从花蜜或水果中获得更多能量。那么，它们为何还要生产乙醇呢？正如乳酸菌和醋酸菌会分泌酸性物质去杀死其他细菌和酵母菌一样，酵母菌也会生产乙醇来对付各类细菌。[160] 因此，动物可以放心食用含酒精的水果等食物。和酸性物质一样，酒精也可以灭杀病菌——但也有一个缺陷。它能击溃绝大多数细菌（醋酸菌是一个例外。有趣的是，醋酸菌已经进化出了将乙醇转化为乙酸并从中获得能量的本领），但也会让包括大部分灵长类动物在内的许多种哺乳动物感到头晕恶心。

大多数灵长类动物即便只摄入少量酒精也会陷入醉酒状态（这对树栖动物而言极度危险）。乙醛及乙酸等酒精代谢产物会在肝脏中积聚。虽然原理尚不明确，但这可能会让野生灵长类动物感到不适，出现如头疼、恶心等各种典型的宿醉症状。如果它们确实会轻易醉酒，那就排除了人类祖先会将酒味视为腐败食物安全无害的额外标志的猜想。但这个故事还有一点细节需要补充。那就是黑猩猩、大猩猩和人类都有强大的肝脏，能将乙醇分解为无害物质。所有哺乳动物的肝脏中都存在一种名为乙醇脱氢酶（ADH）的酶，它能将乙醇转化为乙醛。[2]乙醛随后又被另一种酶转化成乙酸。在黑猩猩、大猩猩和人类的肝脏中，负责解酒的酶的工作效率大约是其他灵长类动物的 40 倍。因此，我们和猩猩可以摄入更多酒精而安然无恙，并在饮酒过程中享受酒精带来的热量等好处，而较少承受醉酒的负面影响。在历史的某一时刻，人类祖先忽然开始发觉饮酒能给自己带来欢欣快活的感受。目前，尚不清楚人类何时进化出了这种因酒精而起的愉悦反应，也不知道这究竟是某种适应性进化，还是一个与酒精和大脑之间复杂的相互作用有关的意外。

综合所有已知条件，答案一目了然，猴子确实懂得如何发酵水果。在凯蒂·阿马托看来，猴子能做到的，古人类也能搞定。并且，除了懂得享受自己所发酵的水果的酸味和复杂的香气外，古人类也许还会为酒精而陶醉。他们可能会在舌头、鼻子和大脑的引导下，找到那些由乳酸菌赋予酸味，由酵母菌赋予酒味的果实。凯蒂认为，人类祖先对发酵的初次尝试，可能发生在他们从面积不断收缩的森林中的树冠爬下，踏上草原林地的某个时段。来到地面后，他们食谱中的新鲜水果大幅减少，将难吃的果实与根茎发酵为美食的本事可能对其生存有利。大致在同一时段，我们的祖先进化出了超群的乙醇代谢能力。[161]有效地控制发酵（某天晚上，当我们围坐起来品尝波特酒①时，凯蒂推测，酒水的甜味、丰富的层次感和轻微的酸味取悦了我们的口腔，酒水之中的化学物质则取悦了我们的大脑）甚至可能是能为直立人的大脑发育提供充足能量，并促使他们抛弃强力颌部与粗大牙齿的关键发明之一。

---

① 波特酒，葡萄牙名酒，属于酒精加强葡萄酒。波特酒制作过程中，由于葡萄汁没发酵完就终止了发酵，因而这种酒会比普通葡萄酒更甜。

无论人类是在什么时候开始主动食用腐败的水果和根茎，发酵都改善了食物的风味，增加了进食的乐趣，丰富了我们的饮食体验。对于许多果实而言，发酵只是带来了新的风味，而对于植物根茎来说，发酵则彻底改变了它们在人类食谱中的地位。僧帽猴的例子已经表明，腐败的食物更易咀嚼，咀嚼过程也更愉快。发酵与烹饪一样，能使难嚼的食物变得柔软。由于发酵通常有利于谷氨酸的产生，所以发酵食品大多带有鲜味。同时，发酵还会分解食物中的某些苦味物质，赋予食物复杂的香气。生物学家梅林·谢德瑞克在成功发酵了苹果（据说是艾萨克·牛顿的那株苹果树的后代）后也提到了这一点："我吃惊地发现它居然这么美味。苹果的苦味和酸涩已经褪去，留下细腻悠长的果香，发酵后的汁液带有少量气泡，甜度与干红接近。[①]大量饮用后会使人欢欣且微醺。"谢德瑞克为这款苹果酒起了个贴切的名字——"万有引力"。

　　我们的祖先因发酵产物能使人愉悦而选择发酵水果或根茎，但除了美味外，发酵产物还能为他们提供丰富的营养。和烹饪一样，发酵后的食物能为人体带来更多能量。此外，发酵食物也能提供包括维生素 B_{12} 在内的一些营养物质；在某些情况下，还能增加食物的含氮量。[162] 最后，当古人类开始定居生活，发酵就

---

① 原文形容酒液时所用的dry一词现大多译为"干"，多见于干红、干白，指的是葡萄酒酒液中残余糖分含量较低，几乎没有甜味。

成了一种食物储存方式。酸味的腌菜和酒味的发酵水果可能储存数月乃至数年都不会变质。这些储备可以帮助古人类撑过食物匮乏的时节，比如热带的旱季或是高纬度地区的冬季。

在人类初次尝试乳酸发酵时，味觉可充当安全指南，判断发酵产物安全与否。但嗅觉也能帮上忙。大脑的生物化学也是如此。我们的祖先在食用带有酒味的水果后，会感到陶醉愉悦。多亏了"嗅觉图书馆"，在愉悦的体验过后，他们的大脑会将这种快感与特定气味联系起来，比如酒香和其他发酵产物的气味。总而言之，在味觉和嗅觉"图书馆"的帮助下，我们那些喜欢味道偏酸、略带酒味的发酵水果的祖先，可能比其他人类祖先活得更加愉快和长久。

我们认同凯蒂·阿马托所提出的发酵起源的时间，即古人类在踏上热带稀树草原后，方才有意识地去发酵水果和根茎，在那里，一杯酸啤酒就是无上的享受。如果古人类能够制造出复杂的石器，那么他们似乎也应该懂得如何将果实或根茎塞入葫芦中，并耐心等上几天。不过，凯蒂的猜想只是关注人类如何开始依赖发酵的其中一个模型。还有一个模型更为简单。它只需要一处水体、剩肉、部分石器、几块巨石，以及同样的，对酸味的热爱。

1989 年，古生物学家丹尼尔·费舍尔（Daniel Fisher）正处于自己的事业巅峰期。彼时，他已在北美及欧洲最北方的猛犸象化石研究中投入了整整十年时光，并正在围绕美洲史前的人类生活撰写一篇新颖的论文。费舍尔是密歇根大学地质科学系的副教授，同时也担任古生物博物馆的副馆长一职。然而，知识渊博如他，也会因自己的一系列发现而感到困扰，好奇心旺盛的他甚至为此夜不能寐，辗转反侧。费舍尔教授的发现与北美五大湖地区的克洛维斯考古遗址有关。他在其调查的几处遗址附近的湖泊或水塘中，发现了美洲乳齿象的骨架，在每处遗址中都找到了克洛维斯人屠宰美洲乳齿象的证据。除此之外，费舍尔教授还注意到了一个奇怪的特点——他在这些骨骼旁边发现了一些砂砾和石块，根据其散落的位置，费舍尔教授推测，它们原本应该在美洲乳齿象的肠道里。[163] 在其中一个水塘里，费舍尔教授甚至还发现了一根立柱存在过的痕迹，这似乎是在标记此地乃"乳齿象的安息之所"。最初，费舍尔教授颇为困惑，但后来，他逐渐相信这是克洛维斯人将美洲乳齿象沉到水底当作冬季储备粮的证据。他们曾经往美洲乳齿象的肠道中灌满砂砾和石块，使之发挥船锚的作用，将乳齿象固定在水下。

　　储藏和发酵肉类的技术，其价值等同于甚至超过了果蔬发酵手段。如果一小群克洛维斯人成功猎杀了一头美洲乳齿象或是一匹相对较小的庞马，所获得的肉食也很难一顿（甚至好几顿）吃完。这样一来，他们只能走到哪里都扛着肉块。正如费舍尔教授所说："如果你们设法猎杀了一头美洲乳齿象或猛犸象……你们不可能在一个下午或是一周内处理掉数千磅的肉块。那你们打算怎么办？制成象肉干？但这样可能会招来熊罴大小的恐狼和壮硕如犀牛的短面熊，你们背着沉重的肉干，是打算给这些猛兽加餐吗？"[164] 如果克洛维斯人能够将肉食长期储存在某地，就无须不断外出狩猎，也不用冒险对抗饥肠辘辘、想要来分一杯羹的恐狼和短面熊。

但是，尽管长期储藏肉食的好处显而易见，但具体实现起来可能困难重重。当时，费舍尔教授还不清楚克洛维斯人（或更早以前的狩猎采集者）是否成功掌握了发酵和保存肉类的手段。而且，他们需要的是发酵和储藏肉类的方法，而不想因肉类腐坏变质而死于食物中毒。在肉类发酵过程中，肉毒杆菌、产气荚膜梭菌等菌株的参与能轻而易举地将安全的鲜肉变成致命的腐肉。有研究者认为，这些细菌在消化肉类时产生毒素的目的在于同食腐动物争夺食物资源。即使已经进化得可以安心享用腐肉，食腐动物却还是无法对这些微生物免疫。某项研究发现，在实验样本中，90% 的红头美洲鹫、42% 的美洲乌鸦、25% 的郊狼和 17% 的沟鼠体内都出现了肉毒杆菌抗体。[165] 对于这些以腐肉为食的脊椎动物而言，接触大量病菌只是家常便饭，而它们的免疫系统却在众多病菌中特意将肉毒杆菌打上标记，将其视作一种须警惕的威胁。[166]

生活在史前时期的克洛维斯人猎手真能找到储存肉类的安全方法，避免自身死于各类细菌导致的食物中毒吗？把水果丢在一旁任其发酵是一回事，贮藏一整头美洲乳齿象或其他史前巨兽并把它们发酵成美味健康的肉食可就完全是另一回事了。于是，费舍尔教授打算做一些实验。他最先选择的是较小的动物残肢。

1989 年秋天，他把鹿头丢进了密歇根州东南部的池塘和酸性泥炭藓沼泽中（后来又拿羊腿做了同样的实验）。接着，费舍尔教授会反复来此取样，他的学生和同事将这种习惯戏称为"小鹿斑比在蹦跶"。在池底淤泥或沼泽泥炭藓中待了一个月后，生鹿头似乎可以安全食用了。鹿头表面包裹着一层由某种微生物滋长生成的黏液。黏液下面是粉红色的鹿肉，还带有臭奶酪的气味。不过这股气味并不令人作呕，反而有些诱人。按费舍尔教授在邮件里的说法，它"就像蓝纹奶酪 ①"，气味之浓烈堪比斯提尔顿奶酪或卡伯瑞勒斯奶酪。费舍尔教授不清楚这个鹿头是否可以安全食用，但它散发的那种常见于酸性食物的香气，让他觉得它可能是无毒无害的。随着时间的推移和信心的增长，费舍尔教授决定开启一项更为大胆的实验。[3]

　　费舍尔教授"借"来了一匹重达 680 千克的驮马。这是一匹自然死亡的驮马，尸体还很新鲜。而且它恰好死于初冬，这是一年中最适合开展实验的季节。在深秋和初冬，史前的狩猎采集者需要像松鼠贮藏坚果一样囤积他们所能找到的任何食物，以度过食物极度匮乏的寒冬。事实上，在遗址附近的池塘中发现的那头美洲乳齿象和它周围散落的石块表明，它是在初冬时节被沉到水底的。[167] 实验从屠宰驮马开始。为了最大程度地还原历史，费

---

① 蓝纹奶酪具有两千多年的历史。青霉菌的繁殖使白色奶酪出现了漂亮的蓝色花纹。闻之有浓郁的霉香，味道微甜，些许辛辣。英国的斯提尔顿奶酪和西班牙的卡伯瑞勒斯奶酪都是根据产地命名的蓝纹奶酪。

舍尔教授首先复制了一批史前工具。然后，他用这些工具将驮马剥皮、肢解。费舍尔教授打算先将整匹马分割成肉块，再浸到池塘里，就像我们把牛排放到冰箱里一样。不过，要实现这一计划，他需要应对多个挑战，其中之一就是如何在水下固定肉块，以免它浮到水面上。费舍尔教授决定效仿克洛维斯人之前的做法：在驮马的肠道里塞满砂砾和石块，使其像船锚一样将驮马固定在水下。接着，他小心翼翼地在已经冻住的池塘冰面上凿了个洞，把驮马的肉块（有几块相当大）抛进水里。整个过程挺耗时间，但又算不上辛苦，而且也没什么技术含量。至少，与旧石器时代的猎人冒险追猎一匹庞马相比，费舍尔教授的任务要简单得多。他计划在接下来的几个月中返回此地，在冰上重新开洞，取出驮马肉块，为后续的微生物分析准备样品，并闻闻这些马肉。

费舍尔教授的第一次取样是在两个星期之后。他再次来到冰面上，提上来少许马肉。他先用鼻子来判断马肉的状态。仔细地闻了闻后，他觉得肉块闻上去不错，甚至还挺新鲜，应该仍然可以食用。于是，费舍尔教授切了些喂给了他朋友所养的三条萨尔路斯猎狼犬，它们吃了之后都没有出现不良反应。教授自己也尝了一点。又过了两个星期，时间来到了二月。池水稍有变暖。费舍尔教授再次取样。此时的马肉和先前的鹿头和羊腿一样，散发出酸味和臭奶酪味。后续分析显示，马肉样品中含有大量细菌，不过从肉的气味来看，这些细菌应该是乳酸菌，所以马肉依然可以安全食用。（费舍尔教授选择和克洛维斯人猎手一样仅靠鼻子来判断肉的状况。）随后，费舍尔教授准备在冰上生火，他在自己所研究的遗址见过克洛维斯人冬天在冰面上生火的证据。接着，他拿起一块闻起来像蓝纹奶酪的马肉，用树枝将其串起，架在火上烤。但这样熟得很慢，慢到费舍尔教授决定换一种烹饪方法。等火苗熄灭后，他取了一片厚实的肉排，放在余烬上。这下马肉熟得很快，马上就到了他最爱的火候——三分熟。费舍尔教授开始享用这块臭奶酪风味的肉排。它的味道与牛排相似，只是多上了几分酸甜。

如果费舍尔教授没有坚持研究的话，这项实验很可能会就此结束，也不会造成什么反响。四月，教授再次回到这里取样。此时的肉块表面已经长满水藻，但水藻下的马肉仍旧可以食用。它的气味比之前更棒，也更浓烈了。费舍尔教授在六月又过来取了一次样。这次，马肉的臭奶酪味更冲了，不过还是可以食用的。研究过程中，费舍尔教授还在实验室里比较了在池水中长期发酵的肉类与自家冰柜的肉类所携带的病菌。结果发现，他家冰柜里的肉比存放在池塘里的肉含有更多病菌。同时，水中的肉主要带有乳酸菌，这种细菌会产生乳酸，而乳酸可能有助于消灭其他细菌，会使肉块在春天来临之前都不受其他病菌侵扰。而到了春天，史前猎手的狩猎采集工作变得简单轻松。肉类储备不再那么重要，甚至可能会被遗弃。不过，为了一探究竟，费舍尔教授决定继续实验。他在七月检查了一次马肉，接着是最后一次，发生在八月。因为到了八月，池塘里的马肉已经支离破碎，无法收集了。但是，即便在池塘里泡了近七个月，这些马肉仍然可以安全食用，只是过于细碎，不好捞取。关于这个实验，密歇根大学的人类学家约翰·斯佩思（John Speth）[①] 撰文指出，如果这些肉块被保存在沼泽坑而非放在池塘中发酵的话，它们的保质期可能会延长数月，也不会那么快地碎成肉沫。[168] 费舍尔教授的研究表明，一头美洲乳齿象也许至少够这群克洛维斯人吃上七八个月之久。[4]

费舍尔教授的实验并没有证明史前时代的克洛维斯人会在池塘里发酵肉食，也无法证实（甚至未曾暗示）旧石器时代早期的人类祖先或其他古人类掌握过这一技能。但他确实验证了一件事，即肉类发酵技术对于古人类而言并不困难，甚至可以说十分简单。在这种技术的雏形阶段（无论诞生于何时），肉类发酵就像是原始人厨师在与微生物笨拙地共舞，他们尝试与这些无形（却能感知到）的生命互动，预见并利用它们那难以名状的力量。将一头美洲乳齿象、猛犸象或庞马发酵成能够安全食用的肉食似乎比生火或烹饪来得简单。也许在费舍尔教授的发酵过程中，碰巧避免了许多细节问题，但克洛维斯人的运气也不差，而且他们可以重复那些成功的操作。若想将美洲乳齿象的味道、香气和口感发酵到理想状态，就需要更多地掌握预测隐形伙伴反应的技巧。不过古人类有充足的时间去打磨并提升这项技能。就如何最

---

① 约翰·斯佩思，密歇根大学人类学系名誉教授，重点关注狩猎采集者的饮食、生存策略和食品加工技术的演变。

好地在水下储存肉类，费舍尔教授只做了一次实验（他的朋友可没有更多的死马），而在数十万年的时光里，旧石器时代的古人类有着成千上万次实验机会。史前人类及后来的狩猎采集者可能早在耕作之前，就已经开始利用身边的微生物来发酵肉类了。如果费舍尔教授的推测无误，那么古人类发酵肉类就不只是为了延缓食物腐败，还因为他们喜欢那些使肉变酸的特定的微生物，也就是发酵水果中的乳酸菌。当马肉真正开始发酵后，费舍尔教授首先靠鼻子判断是否存在与酸味有关的气味，接着开始品尝马肉的酸味，以此确认肉类有没有安全发酵。古人类那古老却又同现代人无异的鼻子与舌头，也能做到和教授同样的事情。

费舍尔教授考察的这种发酵形式很可能就是生活在今天的密歇根州所在地的古人类处理大型猎物的方式，那里冬季寒冷，夏季温暖。许多活动在类似环境中的狩猎采集者都依赖或曾经依赖发酵手段贮藏食物以度过寒冬。人类一旦开始发酵肉类，就会根据肉的类型和环境条件采取不同的发酵方式。同等条件下，受青睐的通常是更加美味的食谱，而不是味道较差的食谱。这种情况在那些风味多样性有限的地区尤为常见。

在气候干旱的地区，猎物种类不多，体形也相对较小，可以通过风干手段储存肉类。当然，这需要在干燥条件下进行。南非海滩上的土狼懂得晾干猎物。豹子也会把猎物挂在树上，那里要比地面来得干燥。当热带稀树草原迎来炎热的干季时，生活在此的古人类也许会采取同样的手段来处理肉类。他们甚至可能在学会生火之前，就已经掌握了这种脱水技巧。

一旦懂得生火，人类就会熏制肉类。熏制能够让肉快速脱水。即便周围环境并不完全干燥，只要柴火充足，热爱火焰的人类祖先就可以制作出小块的熏肉。这种烟熏肉是现代无盐烟熏肉——例如德国农家火腿——的鼻祖，依照传统，这种火腿需要在风干之后再由杜松木熏制。史前人类在熏制肉类时，可能也会选择那些带有特殊香味的木柴。

风干需要在干燥环境下进行，熏制离不开火焰和木柴。而第三种将肉脱水保存的方法则得用上盐，并且是大量的盐，这就是腌制。我们不知道古人类最初是如何腌制野生动物的，但相关手法可能与老加图对一种产自意大利南部的火腿的描述近似。①在他的《农业志》(*De agri cultura*，拉丁语，书名可英译为 *On Agriculture* 或更为直译的 *On the Culture of Fields*，即《论农业》或《论田野文化》）中，老加图写道：

　　火腿应按以下方法在桶或缸中腌制。买到猪腿后，剁去蹄子。每条腿要用上半罗马斗②碎盐。将盐铺在桶或缸的

---

① 帕尔玛火腿，原产于意大利艾米里亚-罗马涅区帕尔玛省南部山区。罗马共和国执政官和演说家马尔库斯·波尔基乌斯·加图（Marcus Porcius Cato，公元前234—前149年，为与其曾孙"小加图"形成区别而译成"老加图"）在《农业志》第162节首次提到了这种色泽嫩红、口感柔软的生火腿。
② 罗马斗，古罗马的计量单位，1罗马斗约8.73升。

底部，接着放入猪腿，皮要朝下，全部盖上盐。然后皮朝下放入下一只猪腿，继续上述操作。注意不要让猪肉之间直接接触……所有的猪腿都这样放好后，就在上面盖盐，不让肉露出来。记得把盐的表面弄平。五天后，将猪腿全部带盐取出。将原来放在上层的猪腿翻到下层去，用同样的手法盖好盐。十二天后，取出火腿，抖掉盐粒，挂在通风处晾两天。第三天，取出火腿，用海绵擦拭干净，涂上油醋，挂在存放火腿的建筑里。[169]

老加图所描述的这种腌制方式能制作出滋味鲜美、风味浓郁的火腿，而这主要归功于漫长发酵过程中缓缓发生的美拉德反应。但是，腌制会消耗很长的时间，更重要的是，它还需要使用大量的盐。而一旦人们发现盐可用于腌制肉类和缓慢发酵（高盐度有利于喜欢这种环境的无害微生物，即所谓"嗜盐菌"的生长），那么盐的价格终将变得很高。在全球大部分地区，盐腌技术的诞生都比风干或熏制要晚。正如马克·克伦斯基（Mark Kurlansky）①在《盐》（Salt）中所述，盐是一种能创造美味的调味品，它较晚被人类所认识，并最终变得十分昂贵，它是一项珍贵的意外发现，却对航运、贸易和欧洲历史产生了深远影响。[170]

---

① 马克·克伦斯基，美国知名非虚构作家，《纽约时报》畅销书作者。其代表作《一条改变世界的鱼：鳕鱼往事》（*A Biography of the Fish that Changed the World*）获得了具有"美食奥斯卡"之称的詹姆·比尔德食品写作优秀奖。

到了今天，这种腌肉仍然很受欢迎，比如西班牙著名的伊比利亚火腿（西班牙语：Jamón ibérico），其发酵过程与老加图的记录相似，只是发酵时间会多上数月甚至数年。

其他发酵方式可能是丹尼尔·费舍尔教授设想的美洲乳齿象水下发酵方案的变体，即湿式发酵。这些发酵过程中可能加入了盐，也可能没有，但都具有一个特征，那就是发酵过程发生在液体之中。例如，在许多沿海地区都出土了古人类大量发酵鱼类的证据。在瑞典东南海岸诺耶·桑南桑德（Norje Sunnansund）地区的一处考古遗址，考古学家亚当·波伊修斯（Adam Boethius）发现了数以万计的鱼骨，它们来自大约6万吨鱼。[171]诺耶·桑南桑德似乎是古代北欧人的一个长期驻地，他们在懂得耕作养殖之前，就已在此定居了数千年。生活在这里的古人类会在冬天之外的时节下水捕鱼。他们会配着海豹肉、狍子肉、野樱桃、欧洲酸樱桃和黑刺李浆果，吃掉一部分鲜鱼，而把大多数鱼获丢到发酵专用设施中。这个设施呈长方形，容量很大。亚当·波伊修斯发现了一些柱坑，表明这里原来竖立过几根用于支撑屋顶的杆子。还有一些小洞，标志着那里曾经钉着野熊皮和海豹皮，里面包有发酵的鱼。整个发酵体系十分复杂巧妙。不过，由于在那个时代斯堪的纳维亚的古人类尚未开始使用盐，所以这个复杂系统的发酵过程与池塘里的马肉类似，猎物需要经过数月甚至几年才能完全发酵成熟。这是由时间和微生物携手"烹饪"，直到发酵成熟的肉食。5

对动物进行湿式发酵看似不同寻常，但放眼全球范围就显得十分普遍。掌握发酵植物、兽肉和鱼类的技术对于许多生活在偏远北方的原住民聚落而言极为重要。例如，尤皮克人（Yupik）[①]会在动物胃囊制成的袋子里将植物发酵成一道名为 kuviikaq（尤皮克语）的美食。楚科奇人（Chuckchi）[②]会把鹿血、鹿肝、鹿蹄、烤鹿唇和甘草放在鹿胃中混合发酵，还会将肉和脂肪塞在海象皮里做成名为 tuugtaq（尤皮克语）的肉卷。[172] 同时，每个现代斯堪的纳维亚文明都有各自独特的鱼类发酵食品（毫无疑问，它们继承了诺耶·桑南桑德遗址的史前发酵技术）。当今十分流行的瑞典鱼类发酵食品"鲱鱼罐头"（瑞典语：Surströmming，即"盐腌鲱鱼"）就是其中之一。[③]鲱鱼罐头中的鱼肉已经充分发酵，适合搭配面包片食用。对于喜欢它的人而言，鲱鱼罐头确实美味。然而，即便是那些酷爱盐腌鲱鱼的人也无法忍受鼻前嗅觉所感知到的恶臭，所以他们通常会在户外食用鲱鱼罐头。这股恶臭混合了多种化学物质的气味，包括臭鸡蛋味（硫化氢）、变质的黄油味（酪酸）和醋味（醋酸）。在斯堪的纳维亚半岛的大部分地区，人们依旧享受着传统发酵鱼类（以及某些地方的发酵肉类）所带来的乐趣。在全球大部分地区，由鱼肉发酵而成的酱汁

① 尤皮克人，阿拉斯加和俄罗斯远东地区的原住民，和因纽特人有一些渊源。
② 楚科奇人，俄罗斯远东地区少数民族之一，大多居住在俄罗斯楚科奇自治区。
③ 名称中 sur 意为"酸的"，strömming 指"波罗的海鲱鱼"。瑞典人会将鲱鱼用盐水腌浸后装入罐头任其自然发酵，罐头鼓起即标志腌熟了。

是餐桌上的常客。仅仅菲律宾、泰国和越南三个国家，每年所消费的发酵鱼肉就高达数百万加仑。

肉类和鱼类经湿式发酵后，可释放出丰富的鲜味和复杂的风味（这就是各类鱼露受欢迎的原因）。但也有一些例外，比如鲱鱼罐头，这类腌制食品的鼻前气味和鼻后气味之间存在着显著差异。消费者可能会讨厌湿式发酵的肉类或鱼类的鼻前气味，而喜欢它们的鼻后气味和风味。例如，生活在阿拉斯加的美洲原住民妇女玛丽·泰恩（Mary Tyone）在提及自己部族的经验时说："我们在处理鲑鱼头时，会把它放入桶里，埋在地下，（等上十天）然后把它取出吃掉。"这时鱼肉已经发臭。她继续说："臭鱼，哦，我喜欢这种臭鱼。闻起来怪，但吃起来香……"[6] 在中文里，"香"指菜肴具有令人愉悦的鼻前气味和风味（包括鼻后气味）。煎鸡油、烤肉和炒洋葱都很"香"。[173] 我们需要一个新的词来专门形容那些滋味美妙但气味难闻的菜肴。

那么人类是如何爱上不同类型的发酵肉类的呢？理论上，可能是因为人类对酸味的偏好促使古人类掌握了用肉类和鱼类养殖微生物的能力。从这一点来看，人类对发酵肉类的偏好可能与使用微生物发酵出酸味或酒味的水果、根茎有些相似。但是，如果近距离接触了那些未经盐腌、烟熏或风干而直接发酵的肉类或鱼类，你就会很快发现，制作和爱上发酵肉类和鱼类需要先学会爱上它们那令人作呕的气味。这一点与人类爱上香料的过程有异曲同工之处。如果说有哪些气味会叫人本能地生起厌恶之情，那么与发酵肉类有关的一系列气味肯定会榜上有名。[174] 这样看来，发酵肉类和鱼类就是一种（需要）运用我们的整个感官系统去品味的食物。爱上一块长期发酵的无盐鲱鱼意味着你需要调动鼻子那几乎能爱上任何气味的能力、舌头对鲜味和酸味的偏好，以及头脑有意识地学习技术的能力，运用这些技术，我们能够反复生产鼻、口、心这一整套系统所喜欢的一系列风味。

将水果、根茎、肉类、鱼类的发酵故事汇总后，我们即可重新想象古人类、近代人类与发酵的历史。在某一时刻，人类祖先开始发酵水果，后来又开始发酵植物根茎。发酵的诞生十分简单。味道和香气指引我们的祖先去寻找和发酵更多的水果和根茎。酸味的水果和根茎是安全无害的。发酵的水果和根茎，特别是水果，为人类提供了新的乐趣，它们质地松软，酸甜可口，还能带来微醺的享受（至少在人类的乙醇脱氢酶基因进化变强后确实如此）。在同一时段，或在这一时段前后，关于肉类和鱼类，人类祖先有了类似的发现。同水果和根茎一样，肉类和鱼类经过处理就会变得更加可口（鲜美），这种加工方式能赋予它们全新的鼻后香气，产生让人回味无穷的风味，而且，还可以将食物的保质期延长数月甚至几年。当人类祖先猎杀了史前巨兽或捕获了大量鱼类而无法一次吃完这么多食物时，发酵肉类和鱼类的技术就变得尤为重要。在过去的某个时刻，我们的祖先开始通过气味和酸度来判断这些发酵食物是否可以放心食用。我们的舌头就是检查食物发酵的工具，无论发酵诞生于什么时候，它都是人类的第一座花园———一座微生物的花园。[7]

第八章　**奶酪的艺术**

奶酪是成熟的牛奶。它主要的角色是人类的食物——而它的熟成时间越长，就会越有人味儿，到了最后阶段，它甚至需要一个摆放自己的隔间。

——爱德华·伯恩亚德（Edward Bunyard）
《老饕指南》（*The Epicure's Companion*）[1]

那日我向他们起誓，必领他们……到我为他们所找到的，流着奶和蜜的土地。

——《以西结书》

几年前，我们带着孩子，和我们的朋友何塞·布鲁诺-巴尔塞纳（Jose Bruno-Bárcena）一家共同前往何塞位于西班牙阿斯图里亚斯省的家乡卡雷尼亚（Carreña）。我们在那儿见到了何塞的大家庭，结识了他的母亲、兄弟、堂兄和远房亲戚（还有镇上的大部分居民）。哦，还有卡伯瑞勒斯奶酪，它也是这个家庭的一分子，并且是一名地位受到尊崇的家庭成员。2019 年，一块完美的、约 30 厘米大小的卡伯瑞勒斯奶酪轮竟卖到了 20 050 欧元。① 而这块蓝纹奶酪的产地，就在距离卡雷尼亚仅 5 千米的一处山坡上。

卡雷尼亚这个小镇位于法国多尔多涅地区附近，所以我们选择驱车来此。欣赏过多尔多涅的洞窟艺术，就想要见识一下阿斯图里亚斯省和与之相邻的坎塔布里亚地区的岩洞群。我们朝波尔多出发，然后转向南方，沿着比斯开湾驶往其与巴斯克地区的交界之处。到了交界地后，一路向西，靠海湾的左边走。在毕尔巴鄂古根海姆博物馆停一会儿，然后继续在巴斯克山脉中蜿蜒前行。啃上几口巴斯克羊奶酪，时间在不知不觉中流逝，不久，你就会发现自己被无数岩洞包围。我们参观了古老的坎塔布里亚艺术洞穴，与在多尔多涅地区的体验相似，但又感受到独特的美。观摩良久，直到孩子们忍不住开始闹腾时，我们才恋恋不舍地离开，驶向卡雷尼亚和奶酪之地。

到达卡雷尼亚后，我们直接去了何塞的家族长期使用的公共奶酪洞穴。就是在这个岩洞里，何塞和他的堂兄马诺洛从马诺洛的母亲那里学会了如何制作奶酪。[2] 至于这个奶酪洞穴本身，它

---

① 按2019年欧元与人民币的最低汇率计算，20 050欧元约合人民币150 375元。在这种手工奶酪的产地存在许多潮湿寒冷的古老岩洞，它们为生产奶酪（需在洞穴内放置2~6个月）提供了得天独厚的自然环境。

可能见证过旧石器时代古人类的生活，也被中世纪的矿工使用过，在西班牙内战期间，它还充当过一个家族的防空洞；而现在，它成为卡伯瑞勒斯奶酪的诞生地之一。

洞穴属于奶酪发酵生态系统的一部分。洞穴顶部的钟乳石上挂着许多蛛网。蜘蛛能帮忙吃掉苍蝇，避免它们随意产卵导致奶酪生蛆。青霉菌爬满了各个角落。在这个地下世界里居住着各式各样的处于不同发酵程度的奶酪，蓝色的纹路在乳白的奶酪内部蔓延，有的奶酪表皮上还出现了橘红色的斑点。处于不同发酵程度的奶酪散发出的数百种气味充满了整个洞穴，浓烈无比。我们的儿子也是个洞穴迷，他对岩洞的喜爱不下于其他孩子对电子游戏的痴迷。不过，这次他在洞口闻了一下后，就决定自个儿待在外面了。

我们在前往卡雷尼亚的路上所欣赏的那些旧石器时代的岩画，是史前画家们呕心沥血的作品，他们为此作出了巨大牺牲。完成绘画需要时间。这些艺术家需要从日常生活中抽身，钻入氧气极为稀缺的地球深处——按古人类学家拉恩·巴凯的说法，这种环境会令人癫狂。卡伯瑞勒斯奶酪的制作也一样有着苛刻的要求，并且向来如此。它要求制作者的生活不以学校的戏剧、体育赛事或派对为中心，而仅仅以奶酪为中心。对于卡雷尼亚的奶酪生产者而言，奶酪是一种由困苦中迸发出的快乐。

卡伯瑞勒斯奶酪的原料可以是山羊奶、绵羊奶或牛奶。放牧者需要使用不同的装备来看管每一种牲畜。掌控绵羊群，需要给绵羊系上铃铛。山羊也有自己的一款铃铛。奶牛的铃铛则要大得多。当然，它们都少不了牧犬的跟随。（正常情况下，狗是不会戴铃铛的，但何塞的一个表亲却特别执着于此，作为镇上的铃铛制造商，他给自己的每条狗都配上了不同的脖铃，他家的每只鸡也有一样的待遇。这件事成了小镇趣谈。）整个放牧系统必须每年迁移两次，这给奶酪制作增添了不少难度。山羊、绵羊和奶牛在冬天要躲进山谷里吃草，到了夏天，就得将它们赶到山坡上。只有吃上山坡上野生的肥嫩绿草，这些牲畜才能产出最好的奶，人们也才能由此做出最棒的奶酪。[3] 此外，在奶酪制造者打算开工的那天，放牧者必须给每一头牲畜挤上两次奶。挤奶得在当天完成，但羊群和牛群在觅食时总是不可避免地散布在不同的山坡上，到了挤奶的这天，铃铛声就会在六七座山头间回荡。过去，放牧者在一年中可能需要跟随这些牲畜走上数百英里。这是一趟孤独的旅程。一般情况下，放牧者唯一的倾诉对象就是身边的动物，而在卡雷尼亚这块土地上，既有风景美如画，也有风吹和雨打，放牧者口中蹦出的最多的字眼，可能就是对牛羊的咒骂。

　　挤完奶后需要将其混合。混合之后是凝结、分切和盐浴。[①]接着，一旦完成了盐浴步骤，它就必须被带到山上（至少依照传

---

① 加入凝乳酶可使酪蛋白凝结，排出水状乳清，产生凝乳。分切凝乳前需要在模子中对其进行定形，压出水分。盐浴即浸入盐水或涂撒盐粒，这能增强奶酪的质地与风味，也有利于控制奶酪熟化过程中的细菌活性（包括乳酸菌，可调节风味）。

统应该如此），放入奶酪洞穴中继续发酵熟成。上述步骤中的每一步都有可能出错。进入洞穴后，奶酪就尤其容易受到各类因素的影响。一块奶酪变质了，周围的奶酪轮都会随之变质。

从奶牛大口咀嚼一片牧草开始，到你叉起一块奶酪塞入嘴里，这一过程需要大约两个月的时间。数个月的发酵大功告成后，我们会得到一个既非动物、也不属于植物的鲜活的生态系统，这个生态系统有着丰富的风味，足以被当作一顿大餐享用。它是一块活着的、不断变化的奶酪，也是卡雷尼亚居民的最爱。他们喜欢将这种奶酪就着其他传统佳肴一同享用，比如一道汤底以背膘（fatback，似乎指的是猪背上的肥肉）熬制调味，并加入了蚕豆和两种香肠的名为"法巴达"（Fabada）的汤品。由三种苹果酿制而成的苹果酒也是这种奶酪的绝配。当地人还喜欢将卡伯瑞勒斯奶酪夹在两块小牛肉中，制成一种名为"卡绍普"（Cachopo）的酷似三明治的食物。他们甚至会将奶酪熔化，蘸着薯条享用。到了卡雷尼亚的晚餐时间，卡伯瑞勒斯奶酪的气味几乎会从每家每户的厨房窗户冲出，涌向大街小巷。奶酪洞穴里也会散逸出它的味道。这股味道甚至能顺着河流小溪飘到远方，而我们还不清楚其中的原理。

由于风味独特、味道复杂以及只能采取传统工艺手工制作，卡伯瑞勒斯奶酪一直被奉为全球最棒的奶酪之一。然而，没有人能准确说出它的诞生原因。明明千年之中的大多数时光都过得贫寒卑微，这群生活在西班牙北部一个不起眼的山谷里的平民，起初为什么会决定制造这种奶酪呢？简而言之，奶酪是人类储存牛奶的一种方式，当奶牛、绵羊和山羊不处于哺乳期时（因而不产奶），人们依旧可以在这个艰难的时段里享用到乳制品。在这一点上，奶酪和发酵鱼类的差异不大。奶酪的出现缓解了困难时期的生存压力。它成为一种饮食必需品。

上述的这种奶酪制作困难，原料取自三种动物，发酵时间相对较长，质地相对松软，但并非所有的奶酪都必须如此。在阿斯图里亚斯省，有一种简单得多的奶酪制作方法，即在凝乳形成、发酵之前的阶段，向凝乳中加盐，并将其压制成形。甚至还可以通过熏制使奶酪进一步脱水。一番操作下来，人们会得到硬质奶酪或硬质未熟奶酪。这些奶酪制作简单、运输方便、易于储存。长期以来，许多山谷的牧民都在按照这种方法制作奶酪。也许我们不会知道为何卡伯瑞勒斯的居民会选择这种制作难度极高的奶酪。在某天傍晚，当我们在城里与何塞一家共进晚餐，畅饮苹果酒时，何塞对此作出了猜测。"原因是，"他说，"它很好吃。它是世界上最为美味的奶酪。"当地缺乏其他美食，卡伯瑞勒斯奶酪的美味程度因而变得更为突出。何塞继续说道："小时候，我们常常不得不去捡栗子充饥。没错，烤坚果就是晚餐的全部内容。"换言之，尽管发酵奶酪会让他们一时忍饥挨饿，生活也变得较为艰难，他们还是会去制作卡伯瑞勒斯奶酪，而这至少在部

图 8.1　西班牙卡雷尼亚的奶酪洞穴里的卡伯瑞勒斯奶酪。

分程度上是因为奶酪的美味实在让人无法抵挡。在平日里的粗茶淡饭的衬托下，这种奶酪在他们眼中就更是一道无上美味。我们当然认可何塞的猜想。这实际上就是我们在本书中一直倡导的观点，即哪怕得到或制作美食的难度很大，人类和其他动物有时还是会为了口腹之欲而作出一定牺牲。何塞只是将这个观点的适用范围拓展到了农耕文明，这似乎并不激进。是的，它并不激进，但也很难验证。

需要在理想情况下，才能验证这一观点，比如不同民族的饮食因为同时受到了某种文化变革的影响而全都变得寡淡起来。如果能以奶酪作为实验对象，效果会更好，因为根据奶酪风味与香气的强度和生产难度，可以轻松确定奶酪的特性（这两个特点往往十分相配）。幸运的是，曾经有一群人在整个欧洲推行这种实验。他们就是本笃会的修士们。

从公元 3 世纪开始，埃及和叙利亚的一些基督徒开始像隐士那样独居苦修，他们相信历经磨难有助于收束自身的欲念，使他们更贴近造物主。希腊语中称这些隐士为 monos（意为"一"，指他们孤身一人）或 monakhos，后在英语中变形为 monks（僧侣）。虽然平时大都离群索居，但各地的僧侣还是会在举行宗教活动时会聚一堂。随着时间的推移，部分僧侣开始一同修行，他们的住所在后世被称为修道院。但事实证明，人多事杂。聚居意味着需要处理许多决议，彼此的诉求还需达成一致。例如，僧侣们应该摒弃哪些欲求？每日做几次祷告？修行时可以穿什么衣服？戒律守则随之诞生。多年以后，世间流传着许多守则，也引发了不少论争。[4] 其中一本由圣本笃（Saint Benedict）[①] 于公元534年写就。这本《修院圣规》十分严厉，（最初）深得虔诚信徒的拥护，但又有其宽大之处，所以也受到了大众的欢迎。

圣本笃的家乡位于意大利努西亚，一个以咸鲜适口的火腿、芳香馥郁的橄榄油、皮酥肉嫩的烤鸽子（配黑橄榄和红酒）和醉人的饮料而闻名的地方。他很清楚，即便是非常虔诚的僧侣，也无法一直恪守粗茶淡饭的戒律。所以他制定了一种相当节制，但仍保有一定乐趣的饮食规范。僧侣一日可食两餐，每餐可有两道热菜。此外，他还允许僧侣每天享用1埃米纳（hemina），即大约半品脱葡萄酒，除非天气很热、僧侣感觉身体不适或野地的劳作十分辛苦（遇到这类情况，僧侣可以多饮一些）。依照戒律，僧侣不可食用四足动物的肉，但他们可以享用产自这些动物的乳制品。他们也可以制作并食用奶酪。在这些规则的约束下，僧侣的处境同卡雷尼亚的那些贫苦的奶酪生产者有些许类似。这些僧侣的饮食要好过其他更加禁欲的苦行僧，但也谈不上美味，而他们能用于创作美食的东西主要就是牛奶。

按照何塞的猜测，问题在于当僧侣们的饮食较为乏味时，他们会不会制作有着独特风味与香气的奶酪。那样一来，修道院就

---

① 圣本笃（公元480—547年），意大利天主教教士、圣徒、本笃会的创建者，著有《修院圣规》，重视体力劳动，反对过分的形式上的苦修，因奠定了西方隐修生活的模式而被尊为"西方隐修之祖"。

在进行，并且是重复进行料理实验。受各地文化、语言和气候造成的背景差异的影响，不同地区修道院的食物选择也相对独立。每座修道院都独立验证了何塞的猜测。如果僧侣们愿意参与制作可口的奶酪，他们在这方面确实存在一些优势。与卡雷尼亚文化相似，僧侣文化也注重吃苦耐劳。本笃会的座右铭就是"劳动即祈祷"，而怠惰则是"灵性之敌"。为了楔形奶酪和奶酪轮而辛苦劳作，本身就是对抗怠惰的神圣行为。此外，修道院占据了大片的土地，并接受了许多捐赠的土地（通常来自那些希望死后上天堂的人），所以修道院中神圣劳作的规模相当之大。有了大片肥沃的土地，加之耐心虔诚的劳作，僧侣们改革了耕作方法，创造了新的食物，并为帮助保存传统食物（至少包括那些他们需要和喜欢的传统食物）的制作手段和所需原料作出了不少贡献。在这一点上，僧侣们与古法料理的关系同他们与古代文献的关系类似。僧侣们会手抄和翻译那些他们所看重的古罗马和古希腊的古典文学和科学文献；同样，他们也手动翻译了当地的古代食谱，让自己重视的版本流传后世。

和卡雷尼亚的奶酪制造者一样，僧侣们会选择性地针对某些种类的奶酪开展相关的翻译或创造工作。他们选择的奶酪大致分为三种：新鲜奶酪、陈年硬质奶酪和陈年软质奶酪。在古罗马，在圣本笃所处的时代之前，奶酪基本只有新鲜奶酪和陈年硬质奶酪之分。两种奶酪的制作过程有着同样的初始阶段。首先，它们都要经过"凝结"，也就是说，必须将牛奶中的凝乳和乳清分离。

到了这一步，新鲜奶酪就已基本制作完成。奶油奶酪和山羊奶酪都属于新鲜奶酪，它们的主要成分为凝乳。在这种奶酪中，人们可以品尝到动物的饮食所赋予乳制品的风味。被圈养在围栏里啃食干草饲料的动物，其所产的奶在制成奶酪后味道相对清淡。而那些在牧羊人身前或身后肆意跑动，漫山遍野散养的牲畜，用它们的奶所制取的奶酪则会因其活动范围不同而带有各种风味。人们可以分辨出放养的牛羊的奶所制取的新鲜奶酪中特定草类的风味，也能区分出牛奶酪和山羊奶酪之间的风味差异。山羊奶和山羊奶酪富含牛奶中缺乏的一些脂肪酸（比如 4-甲基辛酸）。水牛奶酪也含有不同的脂肪酸，其中一些闻起来有股蘑菇的清香。几乎所有的奶酪产地都会制作新鲜奶酪，这种产品最好当天食用，而它又恰好很难储存。在南欧尤为如此，那里的温润气候会让新鲜奶酪迅速腐坏。于是，古人研究出了陈年硬质奶酪来解决奶酪的运输和储存问题。

陈年硬质奶酪的制作步骤要比新鲜奶酪复杂。制作者需要将凝乳塑形，通常会将其切成小块，然后徒手[5]捏制成某种形状。接着是用力压制凝乳，以促进水分析出，有时奶酪还会经历盐浴（这将脱去更多水分）。最终，得到一种含水量恰好的硬质奶酪。这个含水量既能满足一系列意料之中的耐旱细菌和真菌在奶酪中生存繁衍，又能确保奶酪不至于腐坏变质。这些耐旱的微生物会把易于食用的蛋白质和脂肪代谢得一干二净。在代谢过程中，这些细菌和真菌也会为奶酪注入新的香气，催生出丰富的风味，并

图 8.2 努西亚的圣本笃将《修院圣规》赠予僧侣。虽然圣本笃一向主张不可铺张浪费，但描绘这幅画的艺术家显然认为他不会在意一把精美的椅子。

抵御各种与它们争抢奶酪的有害微生物。这些最为古老而美味的硬质奶酪包括了帕马森奶酪（意大利原名为 Parmigiano-Reggiano）、曼彻格奶酪、阿夏戈奶酪、高达奶酪等。这些奶酪可能各有特点，[6] 但它们的生产工艺却十分相似，且拥有同样坚硬的质地和漫长的保质期。硬质奶酪最早的存在证据是公元前 700 年的一批金属制奶酪研磨器，它们出土于意大利南部（今天的那不勒斯附近）。早在 2700 年前，意大利南部的居民就已经开始在食物上撒类似于帕马森奶酪的奶酪碎了。

古代奶酪生产者在制作上述两种奶酪的过程中，偶然研制出了第三种主流的奶酪，即陈年软质奶酪。但在翻阅历史记录后，我们发现这种因巧合而诞生的陈年软质奶酪要么只出现在少数地区，要么就是昙花一现。古罗马的历史学家对其没有任何记录，或是罗马人拒绝提及陈年软质奶酪的产地。人们对这种奶酪避而不谈可能是因为与陈年硬质奶酪（如帕马森奶酪）相比，陈年软质奶酪的制作难度大，食品安全风险高。硬质奶酪与腌肉类似。[7]关键在于打造适合特定微生物繁殖的环境。陈年软质奶酪的制作就是在与一位逐渐散发出浓烈香气的隐形舞伴，来上一曲在稳定和失控之间摇曳的华尔兹。人们按部就班地制作奶酪，希望能得到理想的产物，但他们永远不能完全掌控奶酪的质量，一切要到音乐停止（切开奶酪后）才见分晓。而且，与陈年软质奶酪共舞有一定的危险性，奶酪可能变质或被致病菌污染。奶酪历史学家保罗·欣德斯泰特（Paul Kindstedt）[①]指出，在欧洲南部制作这种奶酪的成功率很低，因为只需几天，温暖湿润的环境就会让奶酪"因微生物滋生而腐败变质，不可食用"。不过，他补充道，"在更凉爽潮湿的欧洲西北部，只要满足一定条件，则会得到全然不同的结果"。[175]然而，即便在欧洲西北部，满足所有这些条件也绝非易事，而且，只要能做出陈年硬质奶酪，就没有必要再去费力制作陈年软质奶酪。

---

① 保罗·欣德斯泰特，美国佛蒙特大学营养与食品科学系教授，研究奶酪化学、奶酪历史及其在西方文明和其他地区的地位。

但是陈年软质奶酪也有自己的独特优势，那就是无与伦比的风味享受。这种奶酪口感香醇，并含有极高浓度的鲜味物质。它们往往还会散发出体味。这是因为陈年软质奶酪的熟成环境有着与身体相近的湿度，有利于常见体表（包括人体）微生物的繁殖。引用作家爱德华·伯恩亚德的评价，陈年软质奶酪的熟成时间越长，就越有人味儿。

如果僧侣们无须在意奶酪的制作难度，也不用考虑最优选择，而只想追求浓郁的，特别是那些与肉类相仿的细腻风味，那他们就会和我们所预测的一样，去制作陈年软质奶酪。相反，一个一心只想制作出耐储存、易运输或可以提高饮食满意度的奶酪的僧侣，是不会去钻研陈年软质奶酪的。那根本没必要。柔软的新鲜奶酪块和坚实的硬质奶酪轮，或许就是僧侣和奶酪的故事的全部内容。目前，关于全球最为香醇或最为细腻的奶酪，尚没有官方认证的榜单。也没有人统计比较过修道院与其他产地的奶酪的配方或香味物质。这并非没办法完成，只是很耗时间。这是一个适合修道院历史专业的研究生和微生物学专业的研究生展开合作的研究项目，他们可以畅游欧洲，一边美美地享用奶酪，一边阅读古代手稿。（我承认，这听上去像是我们俩在为谁都没学过拉丁语而后悔。好吧，的确如此。）同时，法国及其他地方的许多修道院明显开始专攻最难制作、气味最浓的陈年软质奶酪，这给予了僧侣们终身的神秘感。在某些情况下，僧侣们可能会仿制农民的奶酪，但他们也在此基础上发明了许多奶酪。

僧侣制作的某些陈年软质奶酪依赖于快速凝结手段（由于使用了大量凝乳酶）。[8] 如果在干燥（或至少不过分潮湿）凉爽的环境中发酵，包括卡蒙贝尔青霉菌在内的白青霉菌和灰青霉菌就会在奶酪上增殖。一旦被这些真菌感染，奶酪表面就会开满"霉菌之花"，因而得名"花皮"奶酪。布里奶酪和卡蒙贝尔奶酪（卡蒙贝尔青霉菌因此得名）都属于花皮奶酪。花皮奶酪也被称为"表面熟成"的奶酪。大多数奶酪会随着时间的推移而变得坚硬，而这些花皮或表面熟成的奶酪却会变得软和。青霉菌在表皮（白色绒毛状，且通常带有所谓"蘑菇香"）生长时，会促使奶酪成熟，在这一过程中，奶酪内部会慢慢液化为奶油状。

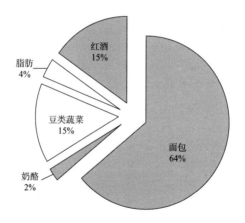

图 8.3　本笃会的饮食构成示例：公元 829 年，法国圣日耳曼德佩修道院每日饮食的消耗（以重量计）。饼图中的灰色扇形部分表示发酵食物和饮料。僧侣的大部分饮食都属于发酵产物，可以长期储存，随时取用，因而他们的饮食不怎么受季节影响。

另一方面，如果将类似的奶酪置于潮湿洞穴中发酵（比如卡雷尼亚的奶酪洞穴），就会滋生另一种青霉菌（通常为娄地青霉[①]），并形成蓝色（或蓝纹）奶酪，比如卡伯瑞勒斯奶酪、罗克福奶酪和斯提尔顿奶酪。[9] 有时，奶酪生产者会故意在奶酪上用不锈钢针戳出一些小孔，以帮助青霉菌生长。罗克福奶酪、斯提尔顿奶酪特有的蓝色纹理就是这样形成的。卡伯瑞勒斯奶酪则不同，和花皮奶酪一样，青霉菌生长在卡伯瑞勒斯奶酪的表面，并逐步向内部蔓延。在卡雷尼亚或阿斯图里亚斯省的其他地方，人们常常会就哪种奶酪制作方法更棒这一话题展开讨论，而喝上几杯苹果酒之后的讨论尤为热烈。

然而，僧侣们所仿制或发明的最为独特的一款奶酪既非花皮奶酪，也不是蓝纹奶酪，而是洗浸奶酪和涂抹奶酪。首先，我们来介绍洗浸奶酪。这种奶酪比花皮奶酪和蓝纹奶酪更难制作，且外观更具有动物特征[②]。和蓝纹乳酪一样，洗浸奶酪也多储存于相对潮湿的洞穴或地窖中。然而，它与蓝纹奶酪的不同之处在于，洗浸奶酪在熟成过程中需要用高浓度的盐水不断冲洗其表面。盐分有助于喜欢干燥环境的细菌滋生。这种清洗方式非常适合亚麻短杆菌（拉丁学名：*Brevibacterium linens*）及其亲缘菌种的繁

---

① 娄地青霉，一种耐酸、耐低氧和耐高浓度二氧化碳的真菌，会在蓝纹奶酪成熟期间产生分解脂肪和蛋白质的酶。其中，脂肪酸代谢产生的甲基酮类物质形成了它那独特的刺激风味。
② 奶酪表面绒毛状霉菌花皮的手感类似于麂皮。

衍。亚麻短杆菌喜欢高盐度且干燥的环境，它既有助于奶酪的熟成，也是足汗臭的致病菌之一。亚麻短杆菌的生长会在奶酪表面形成橙色斑点和斑块。洗浸奶酪上甚至还有海洋细菌，比如盐单胞菌和假交替单胞菌，因为盐水可能是海盐调制的。[176] 制作洗浸奶酪所需的细菌十分挑剔。它们需要氧气，所以只生长在奶酪表面。它们不适合在酸性条件下繁衍，因此只会在已经发酵过的奶酪上生长，此时乳酸菌的大部分酸性产物都已被这些奶酪中的真菌代谢掉了。

《天然奶酪的制作艺术》（ *The Art of Natural Cheesemaking* ）[177] 一书的作者大卫·阿舍（David Asher）① 猜测，洗浸奶酪最早只在修道院中生产，后来才传到了其他地方。因为首先，制作洗浸奶酪需要耗费大量牛奶，甚至超过了一头牲畜全天的产奶量。相较于贫苦的农户，修道院更有可能负担得起这种消耗。而且除此之外，制作洗浸奶酪还要求（现在仍要求）每天用盐水冲洗奶酪，哪怕是宗教节日也不例外。日日如此。虽然僧侣们这么做的目的是提升奶酪的味道、香味和口感，以更好地体会洗浸奶酪所带来的感官享受，[10] 但这种辛勤劳动的行为本身却十分符合圣本笃的教诲。而且，这也需要僧侣们爱上这种辛勤劳动后方能收获的美食之乐。洗浸和盐渍奶酪有着香醇、厚实、绵密的口感，食

---

① 大卫·阿舍，加拿大的农场主、农庄奶酪制造商和奶酪专家，他在书中分享了用非工业手段制作传统奶酪的方法。

用时有明显的弹牙感，[11] 这种快感让僧侣们像是吃了肉食一般享受。他们禁止吃肉，也许这一戒律正好激起了他们对洗浸奶酪的热爱。

洗浸奶酪还不是僧侣们进一步操控微生物的终点。他们发现，借助一块布或是别的什么材料，可以让奶酪表面布满橙色斑块（虽然他们不知道那是亚麻短杆菌的菌斑），甚至能把一块奶酪上的斑块传给另一块，而这就是"涂抹奶酪"的制作方式。这些斑块的扩散过程其实就是亚麻短杆菌蔓延并覆盖整个奶酪的过程。新的气味就此诞生，在任何制作、切割、装盘和食用涂抹奶酪的地方，都能闻到这种蛋白质分解的气味。

图8.4 三种奶酪的截面图。最左边的（A）属于花皮奶酪，表皮有一层毛毡状的青霉菌；中间的（B）来自一种与帕马森奶酪类似的奶酪；最右边的（C）是亚麻短杆菌在洗浸奶酪表面留下的复杂形状。你可以在每个截面中清楚看到下方的凝乳和生长在表面的菌膜。

对于僧侣而言，努力工作就是虔诚修行；在默默修行中，寻找并呈现出新的风味，即为启发人性；掌握将一种风味化作另一种风味的因素，便是科学。同时，各个修道院控制奶酪风味的方式互不相同，那是僧侣的虔诚、人性、科学与特定修道院文化的混合产物。在洗浸奶酪的制作过程之中，虔诚、人性和科学充分地融合在了一起。

在欧洲各地的修道院都发现过自主研发洗浸奶酪的痕迹。每个修道院的奶酪制作手段都存在些许不同，有的甚至掌握了不止一种制作方式。如果奶酪的水分较少，且只在熟成期间的某个时段做过涂抹处理，那么就会得到一块格鲁耶尔奶酪。瑞士格鲁耶尔修道院的僧侣们会专门研究这种奶酪（并以此为乐）。同时，法国马鲁瓦耶修道院的僧侣们想到了一个与之相似但稍有不同的奶酪制作手段。马鲁瓦耶奶酪的原料是生牛乳，它在发酵时的含水量要高于格鲁耶尔奶酪。这块橙红色的方形奶酪会散发出一种轻微腐败、类似肉味、带有果香的气味。在法国孚日山脉中，一所阿尔萨斯修道院的僧侣们尝试创新。他们一次次地用盐水冲洗奶酪，最终得到了门斯特奶酪。[12] 接着是埃波斯奶酪，它由同名修道院的僧侣研制而成。它是密度最小、含水量最高的洗浸奶酪之一。僧侣们会用自酿的一种白兰地冲洗奶酪，这赋予了它一部分独特的风味，而剩下的奇妙风味则由微生物出色完成。斯特凡纳·埃诺（Stéphane Hénaut）和热尼·米切尔（Jeni Mitchell）在他们合著的《舌尖上的法国史》（*A Bite-Sized History of France*）中指出，埃波斯奶酪的气味可能会引发夫妻之间的争吵（当然，僧侣们对此并不在意）。[13] 还有一些僧侣发现可以用啤酒代替盐水去冲洗奶酪，这一做法至今仍在智美修道院[①]及其他修道院延续。

总而言之，僧侣们不断制作各种奶酪就是为了抓住他们一直想要的风味。至于他们这样做的频率是否高于平民阶层的奶酪生产者（似乎很有可能），还有待进一步研究。不过，这个故事还有另外两个元素。

其一，僧侣们会出售一些他们制作的奶酪（有时是大部分），为了热卖，这些奶酪不仅符合僧侣自己的口味偏好，也得满足富有的城市居民（中世纪的潮流美食家）的风味追求。可以想象，跟现代艺术与潮流美食的命运一样，有时，僧侣会为迎合客户的口味而调整奶酪的制作工艺。不过，在其他情况下，客户只会为僧侣们提供经济支持，并不会对奶酪的制作方式造成太大影响。然而，相较于软质奶酪，客户对陈年硬质奶酪的影响可能大一些。正如保罗·欣德斯泰特在《奶酪与文化》（*Cheese and Culture*）中指出的那样，陈年软质奶酪，特别是洗浸奶酪，很难完好无损地运达市场。

第二个元素不仅涉及哪些奶酪可能对僧侣更有吸引力，还牵涉到更具体的嗅觉系统的运作方式，僧侣们可能就是借此爱上了气味复杂的奶酪。正如戈登·谢泼德在《神经品酒学》中所述，

---

① 智美修道院位于比利时，现因精酿啤酒而闻名于世。

人类在接受训练识别单独的气味时，通常能学得很好。[178] 例如，在某项研究中，如果一次只给受试者提供七种气味中的一种，那么他们正确识别出这种气味的概率会达到 82%；而如果将这些气味两两混合，再让同一批受试者去分辨，这时，他们正确识别出其中一种或两种气味的概率就会急剧下降（大约仅为 35%，取决于计算方法）；如果一次性提供七种气味中的三种，受试者只有 14% 的概率能正确分辨出全部气味；如果提供四种，这个概率就会降到 4%。[179] 新来的僧侣在试图辨别奶酪气味和风味时也会遭遇类似情况。不过，众所周知，一个人在辨别气味上投入的时间越多（或仅仅只是接触各类气味的时间够长），他区分气味的能力也就越强。在一定程度上，许多气味都会在他的脑海中留下各自的名字和特点。此外，个别气味以及与之有关的记忆会在头脑中留下较为容易回想起来的深刻印象。因此，一个人越是食用某种气味复杂的食物，他就能从中分辨出越加丰富的气味与风味。并且，由于奶酪、红酒、肉食和水果等食物的气味非常复杂（气味可达数百种，而非仅仅四种），即使已经分辨出一些主要的气味，还是会有许多新的气味需要辨识。按照戈登·谢泼德的说法，"学会辨别两种葡萄酒的差别，能够激发嗅觉皮层，以提高自身后续对其他葡萄酒的辨别能力"。品尝奶酪也是同样的道理。对于僧侣们而言，学习分辨奶酪的好坏以及醇香与否，"提高了他们对其他奶酪的辨别能力"。随着分辨能力的增强，僧侣们逐渐能够鉴赏与享受这种微小差异。而这也并非他们的专利。

僧侣与奶酪之间的缘分既古怪，又独特。但鉴于纷繁复杂的气味和风味在许多文化和背景下大受欢迎，且在风味有限的文化和背景下尤为如此，这种情况则显得丝毫不足为奇。一些黑猩猩族群之所以使用树枝"钓"蚂蚁，部分原因就是美食稀缺。这可能是克洛维斯人猎手选择捕杀某些猎物而放过其他猎物的原因，也在一定程度上解释了为何古代美索不达米亚人会在炖菜中使用香料调味。当罗布在日本冲绳旅行时，我们再次认识到风味故事确实无处不在。当时，他正与同事们会面，试图勘察蚂蚁的全球分布、食谱及相关原因（目前，他的科研精力均匀分散在饮食、灵长类动物和蚂蚁上）。在会议的最后一天，罗布与他曾经的学生伯努瓦·盖纳尔（Benoit Guénard）共进晚餐。盖纳尔曾在冲绳生活多年，并在那里邂逅了他现在的妻子，目前，他在香港大学担任教授一职。所以，盖纳尔的孩子是法日混血儿（尽管盖纳尔总是强调自己并非法国人而是来自布列塔尼这个充满独立精神的地区）。盖纳尔一家非常喜欢法国和日本的美食。当时，罗布与他坐在冲绳的一家居酒屋里，两人点了几份腌菜、一盘当地的海藻、花生豆腐以及墨鱼汁面，最后，罗布还要了一碟冲绳豆腐乳。

冲绳豆腐乳似乎是日本僧侣和厨师在中国传统豆腐乳的基础上创新而成的，在那个时期，日本僧侣需要戒荤食素（与本笃会僧侣类似）。制作这种豆腐乳需要先将大豆凝乳（各方面都与奶酪凝乳相似）脱水，使其在这一过程中轻微发酵。接着用泡盛酒（冲绳的一种由大米制成的蒸馏酒）冲洗豆腐（与智美修道院用啤酒冲洗奶酪类似）。用泡盛酒冲洗豆腐时，酒精会杀死许多微生物，并形成抑制它们滋生的干燥环境。同时，这一过程也有利于那些无惧酒精和干燥环境的微生物的繁衍。（其他发酵豆腐所用的则是盐水，其过程类似于盐水冲洗的洗浸奶酪）。最后，豆腐会发酵成熟，套用奶酪生产者的话说就是"熟化完成"。从外表看，豆腐乳和陈年半软奶酪^①存在很多相似之处。两者都始于凝乳，历经发酵，最后也都需要盐水或酒精来淘汰部分微生物，保留熟成所需的那些。当罗布把豆腐乳送入口中时，他未曾料到豆腐乳的香气和风味竟与陈年奶酪如此接近。它的柔软质地不逊于布里奶酪，还带有一系列丰富的风味，但最令人回味的，还是最后在鼻后感受到的类似于卡伯瑞勒斯奶酪的风味。人类的故事有着无限的维度，文化与学习可以让不同人群爱上截然不同的食物，但在涉及美食时，却会冒出相同的情节。¹⁴

---

① 介于新鲜奶酪和半硬质奶酪之间，含水量一般在36%~45%。

第九章

聚餐使我们成为人类

食物和语言可不仅是近邻……它们就住在同一屋檐下。

——戈登·谢泼德

当旅居法国比利牛斯山脚下的布列日小镇时，我们受邀带着孩子加入镇上的节日狂欢。[1]不过，这并非一份特别的邀约，因为当时镇上的每个人，包括所有的镇民和所有的游客，不分阶级，不论贫富，都收到了镇长的邀请。坐在婴儿车里的孩子来了，摇着轮椅的爷爷奶奶也来了。冷言冷语的人与心地善良的人、风趣幽默的人和呆板无趣的人全都欢聚一堂。宴会从喝酒聊天开始，酒是当地人按照古法自酿的布朗克特起泡酒，我们每人都来了一杯，这酒据说是大约 500 年前的僧侣们发明的。大家在悬崖边上搭设了两排长桌，下面是一条蜿蜒的小河，我们就这样坐在桌边，端着酒，欣赏落日余晖。我们坐在英国摄影艺术家阿尔文・布思（Alvin Booth）与一个周身隐约散发出羊膻味的牧人之间（我们在筹备本书时查阅了大量资料，所以现在的我能准确地告诉你，那是羊蜡酸的气味）。

欢声笑语中，长桌上逐渐摆满了酒，然后是一份沙拉，接着，赤膊的烤肉师傅开始分发烤得吱吱作响的猪排；头戴贝雷帽，大腹便便的厨师推着餐车从人们身边掠过，将一颗颗软糯的土豆准确地抛向客人；还有青春靓丽的女招待托着果盘和甜点款款而来。最后，当夜幕降临，我们只能借着跃动的烛火看清彼此时，一盘盘奶酪登场。它们被塑造成各种古典几何形状，例如方形、三角形以及梯形。我们虽然看不真切，却能轻松闻到空气中弥漫着的奶酪香气，并嗅出它们之间的不同。接着是奏乐与舞蹈。三位乐师在长桌边来回穿行，一位吹单簧管，一位拉小提琴，还有一位奏手风琴。美酒佳酿又一杯杯地端了上来。[2]

所有人都沉浸在醇厚的红酒、美味的奶酪与舒缓的乐声中，大家畅所欲言，从美学艺术、历史传说、僧侣故事、绵羊品种，到英国某地最棒的钓鱼点，再到应不应该推选某人成为布列日的下一任镇长，无所不谈。我们还和阿尔文・布思聊了聊他和妻子奈基・兰宁（Nike Lanning）近期完成的一个项目。他们录制了二十四小时的法国文化广播节目，接着剥离出了电台主持人和嘉宾对话中的非单词成分——"哦""啊哈""噗"[①]等，将其重构

---

① 即"the oos, the ahhs, the pfffs"，其中，pfff可表达恼怒或厌倦。此处为音译。

为一段节奏舒缓却颇为怪异的乐曲（并播放给了我们听）。然后，在品尝过奶酪，开始奏乐前的某个时刻，我们讨论了黑猩猩的饮食问题。

这是一个看似生僻冷门实则颇具热度的话题。我们在德国度过了大半个夏天，在那里，我们经常和别人谈论黑猩猩以及它们的饮食习惯。白天，罗布和黑猩猩研究者们一道工作，到了晚上，我们还会跟这些专家去喝一杯或吃个饭。于是，当离开莱比锡时，关于晚宴派对、分享、语言，以及是什么让人类变得独一无二，又是什么让人类不再那么特殊，我们形成了一系列颠覆性的认知。

这些认知源自一次偶然的碰面。在某次后院派对上，我们撞见了罗曼·维蒂希（Roman Wittig）。[3] 他将一部分生活重心放在了莱比锡，与那些在后院举办烧烤派对的人同在；而另一部分则在科特迪瓦的塔伊森林①，和黑猩猩们待在一块。没错，罗曼·维蒂希是全球顶尖的研究黑猩猩饮食和食物分享模式的专家之一。

罗曼·维蒂希跟他的学生和同事在塔伊森林里对黑猩猩进行了长达上万小时的观察。在近期的一项研究中，他的学生里兰·萨姆尼和同事们与他一起，耗费大约 2000 小时观察两组黑猩猩。在约 2000 小时的实地观察中，他们做了许多笔记，并记录了

---

① 科特迪瓦（Côte d'Ivoire），直译为"象牙海岸"，西非农业国家，有着世界第一的可可生产和出口量。塔伊国家公园是西非最后一个原生热带森林，栖息有倭河马、绿疣猴、黑猩猩等珍稀野生动物。

大量数据。在研究过程中，萨姆尼及其团队记录了312个黑猩猩分享红疣猴、水果或种子等食物的独立实例。大约每隔一天，所观察到的40只黑猩猩中就至少有一只会与同伴分享食物。萨姆尼、维蒂希和同事们判断，他们所观察到的这类行为表明，栖息在塔伊森林里的黑猩猩似乎会在分享食物方面遵循三条原则。

第一条原则，有劳才有得。黑猩猩会同参与狩猎、采集的伙伴分享食物，当猎物很难捕获时尤为如此，比如疣猴。

第二条原则，除了跟一同协作过的同伴分享食物外，黑猩猩还会同它们已经建立了长期社会关系的个体，或想要建立这种关系的个体一起进食。换言之，它们会跟自己的朋友和潜在的朋友分享食物。[4][181]

第三条原则，跟朋友分享食物的行为往往也受社会阶层的影响。在塔伊森林里，族群中地位较低的黑猩猩不会与地位高的、身强体壮的黑猩猩分享食物，而只会找上同样处于族群边缘的个体。同样，族群地位较高的黑猩猩也只会跟地位相近的强壮同伴共同进食。

维蒂希跟他的另一组同事还研究了分享食物是否会影响黑猩猩尿液中的催产素水平。我们的朋友，神经学家希瑟·帕蒂索（Heather Patisaul）[①]说："催产素能够促进信任与关系的建立。这

---

① 希瑟·帕蒂索，北卡罗来纳州立大学生物科学系教授，关注神经内分泌和行为性别差异是如何产生的，以及环境内分泌干扰物如何左右这些差异等。

在很大程度上是通过减少焦虑而实现的。在动物界，妈妈们（对于某些物种而言，是爸爸们）在成为母亲（父亲）时，体内会产生大量的催产素。"然而，驱动这种反应的却是多巴胺。催产素的产生会引发多巴胺的生成，这会让"所有物种都喜欢抱着或依偎着幼崽，也使得实行一夫一妻制的社会物种中的伴侣始终忠诚于彼此"。

图 9.1　在科特迪瓦塔伊森林里，一群黑猩猩正在举办小型宴会，大餐是一只被开膛破肚的疣猴。

研究者早就发现，在为同伴梳理毛发或自己享受这种服务时，黑猩猩体内会额外产生一些催产素。维蒂希及其同事证实，分享或接受食物的行为能够促进催产素快速分泌（至少尿液中的催产素浓度证实了这一点）；当分享的食物较为珍贵时，这种增长尤为明显。[182] 当黑猩猩与朋友分享食物时，就会出现上述情况；在黑猩猩与它想要交朋友的动物分享食物时也会如此。总之，维蒂希、萨姆尼及其同事的研究表明，在分享食物时，黑猩猩体内分泌的催产素会触发多巴胺激增。随之翻涌上来的愉悦感会加强黑猩猩现有的社会关系，也有助于建立新的社会关系。5 这就是愉悦感的力量。黑猩猩会选择风味宜人的食物，也会与同伴分享它们，因为后一种行为有时可能带来又一层愉悦。

话题回到法国，当我们在晚宴上与陌生人谈天说地、分享食物、交换故事时，我们也会感到十分愉悦。周围的人似乎也是如此。我们全都因为彼此的催产素和葡萄酒而沉醉不已。可以轻松地联想到，我们今天的互动是建立在黑猩猩和我们共同的祖先所共有的古老规则和生物化学基础上的。当然，我们也意识到了，人类的晚宴聚会要比黑猩猩之间的分享食物复杂得多。这种复杂性是由人与人之间通过口头语言构成的对话编织而成的。

口语交际能力能使我们邀请并不熟悉甚至完全陌生的人共进晚餐。语言构筑了我们的社会联系。通过语言和故事，我们建立起了彼此之间的羁绊。食物、对话和谈判在各类文化中都有着相互关联。通过互相递送食物、彼此梳理毛发和捉虱子，黑猩猩之间成功建立起了社会关系。人类也会通过手把手地传递和接受食物建立联系，但我们还能通过语言来加深这种联系。语言已经取代手指，成为我们最为常见的社交联系媒介。

这并不是说黑猩猩无法用声音交流。它们能通过吼叫声传递信息。但它们的吼叫声具有整体性，每种吼叫声都传达一段完整的情绪。黑猩猩发出的声音也总带有操控目的，即说服另一头黑猩猩去做某事。例如，致力于研究黑猩猩交流的灵长类动物学家艾米·卡兰（Ammie Kalan）表示，当黑猩猩聚集在一棵硕果累累的树上时，它们会发出呼朋唤友的吼叫声，以表示"快来，这里有美味的水果"。至少，黑猩猩们会在有足够水果可供分享，或者发现某个或多个同伴掉队的时候，发出这种吼叫声。[183] 艾米能够理解这些叫声中包含的信息。她可以分辨出黑猩猩是在表示食物好吃，乃至分量多少。[184]

黑猩猩甚至可以通过彼此的吼叫声识别出对方的身份，这样一来，它们也许能从吼声中听出"尼克在叫我们去那里吃好东西"。在某种程度上，黑猩猩声音中的音高、音色和音量的特定组合起到了表示数量或质量的形容词功能："尼克说它那里有超赞的食物。"另一种传达食物数量和质量的吼叫方式与在场的黑猩猩数量有关。美味的食物越多，吼叫的黑猩猩就越多，声音越大，与之呼应的黑猩猩也就越兴奋。在黑猩猩的语法中，集体喧哗就是感叹号。集体喧哗是它们受食物激发而共同发出的一种类似元音的声音。这种嘈杂的声音类似于布思和兰宁所关注的法语对话中单词之前、之间和之后所发出的声音，只是会因发声人数众多而更大。它是我们走向布列日的节日庆典时偶然捕捉到的声音，那是一曲用口唇和元音唱出的热情洋溢的悦耳音乐。

不过，尚无证据表明野生黑猩猩的吼叫声能表达和传递更为复杂的情绪，它们也不能用声音指代不在面前的物体（如水果）。黑猩猩之间也无法理解彼此的想法。它们不会试图操控同伴的想法。它们同样不会发明新的吼叫声。尽管有着不同的料理传统、工具和食谱，但所有的黑猩猩族群都采用相同的吼叫声交流。在某种程度上，黑猩猩会在聚餐中无休无止地交流，但它们翻来覆去就是一两句话——"这里有水果或肉"以及"食物很棒"。作为来宾，黑猩猩很热情，但也很无趣。

回到布列日的宴会长桌上，我们十分享受当前的氛围，所有人都在轻松地交叉使用法语和英语谈论钓鱼、放羊、美食和邻居。但我们也想了解人类复杂的语言能力的演化过程。谈论这个问题时，罗布刚从公用餐盘上又挖了一块奶酪，一边从长条面包上撕下一块，一边请旁边的陌生人帮忙把酒递给他。古人类可能是在聚餐过程中产生了发明新单词和新声音的能力。他们在聚餐时所协商的食物分享规则要比塔伊森林的黑猩猩或我们的祖先所定的规矩更为复杂。就算语言并非诞生于聚餐环节，语言明显也是因聚餐而变得复杂。正如法国美食家布里亚-萨瓦兰所言，语言使聚餐过程涵盖了各类主题的社交活动：友谊、爱情、"生意、投机买卖、权力、恳求、拉赞助、野心、阴谋"。因此，虽然不同文化的聚餐规则存在诸多差异，但一同用餐有着跨越文化和时代的重要性。陪伴和交流所带来的愉悦之情，能让聚餐时的食物更加美味。

我们的祖先数千年来都会在炉边聚会上分享故事。他们围坐在火堆旁，拿着食物，交流知识和见解。人类正是在炉边聚会中区分了真理和谬误。长期以来，我们都是通过炉边谈话完成学术讨论和建立共识，那是最早的大学、科学协会、厨房和餐厅的集合体。

　　在火堆旁，我们的祖先分享了自身对周边动植物的分类和运用。他们研究了生物事件发生的时间（包括特定动植物在什么时候最为美味及其原因）。这既是为了生存，也是为了让生活更加愉快。在世界各地的餐桌和厨房，食物和发现之间的这种关系仍在延续。这也是西方科学传统的核心。希腊学者聚在一起举办酒会，酒会（symposium）一词就可拆分为"一起"（sym）"喝酒"（posium）。现在的科学研讨会延续了这一传统。科学家会聚一堂，觥筹交错，酒杯碰撞间，思维也随之碰撞。此外，个别科学突破往往与特定聚餐或一系列聚餐有关。查尔斯·达尔文在随"小猎犬号"出海的旅程中，为解释自然选择收集了大量数据，也观察到了许多现象。当"小猎犬号"沿着南美洲海岸航行时，达尔文注意到了物种进化以及适者生存在进化中所发挥的作用。但达尔文并非以科学家的身份加入"小猎犬号"航海之旅的，而是作为船长罗伯特·菲茨罗伊（Robert FitzRoy）的同餐之友受邀登船的，他的职责是帮助船长摆脱长期航海所带来的孤独与绝望。达尔文能够胜任这项工作（没有薪酬）主要在于两点。首先，他和菲茨罗伊是属于同一社会阶级的知识分子（就像黑猩猩只会同地位相近的伙伴分享食物一样）。其次，达尔文在英国各地应邀赴宴时赢得了"最佳宴会伙伴"的美誉。他总有许多俏皮话和趣事和大家分享。引用马丁·琼斯（Martin Jones）的《宴飨的故事》（*Feast*）①里的说法，达尔文之所以能够取得伟大发现，使生物世界的运转规律变得前所未有地明确清晰，正是因为"他乐于聚餐"。[185]

我们可以声称，最早是风味和美味引导着人类去共享食物、发明语言、精简语言，甚至最终走向科学探索（以及掌握研究风味与食物的能力）。但我们承认这确实有些过了。罗布的朋友尼克·戈泰利（Nick Gotelli）经常引用自己的俄罗斯祖母（她也许是波兰人，关于这一点，他们一家人各执一词）的一句话："当你手头有了把新锤子，你看到任何闪亮的东西都觉得是钉子。"风味就是我们的"新锤子"，所以我们可能敲了一些亮闪闪的东西，而它们并非真的"钉子"。我们认识到，无论风味和食物在科学探索真理之初曾有多么重要，现在的它们都已不再辉煌。风味和食物的研究与其说是变得边缘化，不如说已经变得极度碎片化。牧羊人和艺术家很少会再坐在一起交流，神经学家和食品科学家同样如此。食品科学家会关注如何扩大特定食品的生产规模，或怎样改进某种风味（通常是大批量生产的食品的风味）；

---

① 马丁·琼斯，剑桥大学考古学教授，麦克唐纳考古研究所高级研究员，专门研究史前饮食。《宴飨的故事》一书探索了人类饮食的发展历程以及人类分享食物行为的起源与影响。

食品安全专家研究如何抑制食源性致病菌；生态学家主要思考食物中生物体之间的相互作用，或食物与其产地的环境之间的关系；进化生物学家探索食物的历史以及人类用于品鉴食物的感官；神经学家分析大脑对个别化学物质的反应；古人类学家在挖出牙齿化石后，借助少许齿系一窥古人类的奥秘；家庭厨师则继承了烹饪传统。上述每个学者或公民所看到的，都是宏大图景的某一部分，但并不需要有人退后几步以将整个图景尽收眼底，也没必要一统所有的现象和观点。

以筹备本书为由，我们将那些原本没有交集的人们约到一起，举办了许多场聚会。我们进行了不少次炉边谈话，有时是在真正的火堆旁，有时则是在加泰罗尼亚传统民居的旧式火炉旁，或是在法国西部的餐桌边，以及马克斯·普朗克研究所的自助餐厅里。这样一来，我们得以一览自身研究领域之外的宏大图景，于是便有了本书中与你分享的这些故事。如果我们不曾将这些几乎不会来往的人（例如牡蛎生物学家和牡蛎历史学家、黑猩猩研究人员和蜜蜂蜂蜜专家）约到一起，缺少了他们的真知灼见，我们就不可能了解到并复述出这些故事。但是，大部分我们本可以详述的内容却未能加入书中，这也是事实。[6] 我们尚未讨论过正当的聚餐与宴会。需要将这些碎片黏合起来，方能一窥全貌。不过这在某种程度上也算是件好事。假使所有激动人心的发现都已被揭开，一切有意思的对话也开始收尾，那该会多么无趣啊。

关于风味与进化，还有许多内容可供研究讨论，值得科学家们再琢磨数个世纪甚至更久。以享受美食为乐是人类的天性，喜欢探索其背后的原因也是人类的天性。后者甚至就藏在我们的名字中。通常认为，我们的学名"智人"（Homo sapiens）指的就是"认知的"（sapiens）"人类"（Homo）。其中，sapiens 源于某个意为"品尝"的动词，后来又引申为"有辨别力"。因此，我们的学名也可以理解为通过味道（sapiens）或风味辨别事物的人类（Homo）。我们能借助风味来辨别事物并作出选择，也非常适合一同坐在火堆旁或是餐桌边，通过品尝味道去搜索、研究与学习。我们坐在一块儿，每咬上一口美食，对这个世界的理解就加深一分。[7]

注 释

序 言 生态演化的美食学

1. 美国费城莫耐尔化学感官中心的味觉专家迈克尔·托多夫（Michael Tordoff）在读到这一段文字时，分享了一个关于摄食行为研究会（"饮食研究会"的文艺说法）会议的故事。与会成员需要提出 3—10 个描述自身研究兴趣点的关键词。迈克尔说，大家很快给出了许多具体的、专业的术语，如"大脑机制""肠促胰酶肽""膳食模式"等。但在场的 300 名科学家中，只有一位说了"快乐"。而这位科学家的回答使他的存在极为突出，以至于 20 年之后，迈克尔仍然记得他的名字。

2. 这句话有些冗长，更适合作为该书的副书名。而布里亚-萨瓦兰的《厨房里的哲学家》真正的副书名同样也是一大段意味深长的文字："关于美食学的沉思录。一本献给巴黎美食界的理论性、历史性和专题性作品，由这位加入了多个文学社团的教授奉上。"

第一章 趋利避害的味觉

1. 抑或正如卢克莱修所言："更大的可观测物体——太阳和月亮——同人类、水蝇与沙粒一样，也是由原子所组成。"
2. 详见纪录片制作人安娜玛丽亚·塔拉斯（Annamaria Talas）所接受的采访。
3. 在这些叙述中，卢克莱修将人类和其他动物一视同仁。
4. 米克·德米（Mick Demi）、布拉德·泰勒（Brad Taylor）和本·雷丁（Ben Reading）为本章提供了许多有益的重要观点。迈克尔·托多夫、斯坦·哈波尔（Stan Harpole）、乔恩·希克（Jon Shik）、里克·马斯特等人阅读了本章初稿并提供了宝贵的见解。金·韦金多普（Kim Wejendorp）和乔希·埃文斯（Josh Evans）则帮助我们从料理视角来研究味觉。

第二章 寻味者们

1. 此外，研究人员近期在同一位置的地下深处找到了 4000 年前的黑猩猩使用过的石块和石锤。不同的黑猩猩种群不仅拥有独特的料理传统，在某些情况下，这些传统和工具甚至可能有着数千年的历史。

2. 我们可以将这个时代想象成从人类与黑猩猩的共同祖先分化开始，到人类祖先开始挥舞锋利的石器结束。

3. 同样的移动距离，黑猩猩用指关节行走会比直立行走的我们多耗费三倍的能量。想了解更多有关人类祖先在进化过程中骨骼演变的故事，可参阅丹尼尔·利伯曼的《人体的故事》。

4. 关于人类祖先和黑猩猩祖先分化时期的人类进化情况，我们仍旧知之甚少。在那一时期，人类祖先基本在森林和森林边缘活动，这些地方的化石保存状况极差。丹尼尔·利伯曼沮丧地说道，只要给他一个食品袋，他就能把这一时期的所有古人类化石打包带走。

5. 我们咨询的专家们各自给出了不同的名称。例如，"粗壮型南方古猿"（拉丁学名：Australopithecus robustus）在另一位古生物学家口中就叫"罗百氏傍人"（拉丁学名：Paranthropus robustus）。不过无论冠以哪个名字，在一定程度上，它们都与其他种类的南方古猿存在密切联系（但又有所差异）。

6. 莱顿大学的阿曼达·亨利（Amanda Henry）对两头南方古猿源泉种（拉丁学名：Australopithecus sediba）个体的饮食曾展开研究，结果凸显了南方古猿这类物种对小片森林的依赖。研究发现，这两头南方古猿的发现地还曾栖息着大型食草哺乳动物和草原植物。然而，他们牙齿上黏附的植物碎屑似乎源自坚果、果壳、叶片和树皮。此外，根据牙齿中来自食物的碳同位素，可推测出他们基本在森林中觅食。所以，这两头南方古猿其实是生活在草原上的一片森林里。

7. 古人类学的很多研究都与牙齿有关。无论是牙齿的化学成分、大小、形状，还是磨损程度，再怎么细微的差异都有可能暗含人类的奥秘。当然，我们也知道，并非所有人都会为古老的牙齿而痴迷。以我们的孩子为例。我们很兴奋地向他们展示了来自西班牙瓜迪克斯市郊博物馆的某个藏品：一颗或许属于原始人的牙齿。这颗牙齿可能有超过 100 万年的历史，一些专家甚至认为它来自近 200 万年前。它无疑是一个令人激动的藏品，是从时光长河中打捞出的崇高象征——至少我们是这样告诉孩子们的，而他们早已不耐地跑到别的展柜旁了。

8. 在一定程度上，烟雾是通过阻断蜜蜂触角上的嗅觉受体来奏效的。蜜蜂不仅闻不到采蜜者的气味，也闻不到最早看见、察觉或嗅到采蜜者的那批蜜蜂所释放的异戊基警报信息素。

9. 在商店里购买的未经加工的食物上的卡路里标签其实就是一种谎言。这些标签上的卡路里数值，是你完全消化这种食物后才能获得的能量，但消化是否完全还要取决于你烹饪食物的方式和肠道菌群的种类。

10. 个人沟通，莫琳·麦卡锡（Maureen McCarthy）。
11. 丹尼尔·利伯曼在邮件中表示，举腹蚁的味道很棒，"相当美味"。
12. 感谢丹尼尔·利伯曼、阿莉莎·克里滕登、贝基·欧文（Becky Irwin）、托马斯·克拉夫特（Thomas Kraft）、昂·斯（Aung Si）、凯蒂·阿马托等人对本章内容的阅读分析和评论补充。感谢理查德·兰厄姆提供的观点。感谢金·韦金多普、乔希·埃文斯、欧雷·莫西森和麦克·博姆·弗罗斯特（Michael Bom Frøst）从料理视角为本章作出贡献。

第三章　闻香识风味

1. 黑松露盛产于法国西南部的多尔多涅地区，而白松露则主要分布在意大利中部和北部。
2. 正如廖翠凤、林相如所说，"好奇心强烈、见什么都想尝一口的厨师会发现，水果生吃就已相当美味，再无提升空间"。
3. 第一张这类气味地图的主角是切达奶酪。《神经美食学》的作者戈登·谢泼德去商店买了一大块切达奶酪，然后把它喂给老鼠。杀死老鼠后，谢泼德观察了老鼠的大脑，并首次看到了"切达奶酪星际"。
4. 这可不仅仅是一种比喻。相关研究者确实将由单一化合物触发的受体组合称为"嗅觉受体代码"。
5. 存在一个小小的例外。迄今为止的研究发现，大多数语言都会将形容"（人的）汗味和体臭""浓烈的动物气味"（也就是其他物种的汗味和体臭）以及"腐烂气味"的词作为描述气味类别的词。
6. 往南边就会来到直布罗陀的戈勒姆岩洞，这里出土了更多的尼安德特人曾经享用的风味：炭化的橡果、开心果和豆类，以及野山羊、兔子、马鹿、帽贝、鸟蛤、贻贝、乌龟、僧海豹、海豚和鸽子。
7. 感谢丹尼尔·利伯曼、戈登·谢泼德、罗兰·凯斯（Roland Kays）、玛丽·简·埃普斯（Mary Jane Epps）等人的阅读和帮助。再次感谢金·韦金多普、乔希·埃文斯、哈罗德·麦吉从料理视角为本章作出贡献。

第四章　料理大灭绝

1. 吉姆·哈里森逝世于巴塔哥尼亚，直到生命的最后一刻，他仍在伏案写作。哈里森生活在这片土地上，他曾用脚步丈量这里，在笔下还原了这里，他的饮食也出产自这里。哈里森研究、狩猎和品尝了在自家周围出没的许多巴塔哥尼亚物种。我们本想和哈里森一起在巴塔哥尼亚的荒丘上散步，畅聊野生哺乳动物的滋味。但我们来晚了。哈里森已经永远离开了大家。我们甚至没能赶上为纪念他的一生而举办的道别宴会。包括哈里森的密友在内的 72 人参加了告别仪式。这次宴会也差不多用了 72 只鸭子。餐桌上既有鸭肉酱这种开胃菜，也有准备时间长达 8 天的法式豆焖肉（由鸭肉、猪肉香肠、白豆配上鸭肉和鸭皮之间的鸭油焖制而成）。那些胃口较大的宾客还可以享用以茴香、藏红花和法国佩诺茴香酒调味的由石斑鱼、鲷鱼和虾炮制的番茄浓汤，华尔道夫沙拉（呼应哈里森的密歇根血统）以及法国葡萄酒。最后，是蛋糕、香烟和餐后酒。

2. 与它们一同出土的还有一把由哺乳动物腿骨制成的、漂亮精巧的"扳手"。科学家尚未对其用途作出合理解释。

3. 克洛维斯人的后裔有着各自心仪的烹饪方式。法国学者克洛德·列维-斯特劳斯（Claude Lévi-Strauss）在《生与熟》（*The Raw and the Cooked*）中指出，阿西尼博因人（Assiniboine）更喜欢烧烤而非水煮，并且偏爱三分熟的肉食；黑脚人（Blackfoot）会先烧烤，然后再将烤过的肉放入沸水中焯；堪萨人（Kansa）和奥萨齐人（Osage）偏爱熟透的肉；玻利维亚的卡维内尼奥人（Cavineño）则会将食物上一整夜，有时甚至会把第二天要吃的肉与前一天剩下的肉放在一锅内炖煮，并且反复如此（这种烹饪手段与法式豆焖肉有着异曲同工之处）。

4. 按作家克雷格·查尔兹（Craig Childs）的话说，宽额野牛的体形过于庞大，令人不由得对它心生恐惧，古生物学家们于是将这种庞然大物称为 holy mother of god bison（"圣母玛利亚啊"是感叹词，在中文语境中，或可称其为"牛魔王"）。

5. 亚利桑那州南部的克洛维斯遗址的周边地区就曾经从草原变成了森林，这种变化无疑会对原本栖息在草原、苔原的物种（如猛犸象）带来负面影响，但也可能有利于那些喜欢森林环境，以果实、树叶为食的物种（如美洲乳齿象）的生存繁衍。

6. 例如，一项研究显示，气候变暖会对喜欢寒冷环境的长毛象（只是部分长毛象中的一种）造成更大的影响，它们的活动范围被压缩到了北美最寒冷的地区中。而一旦它们的种群数量因气候变暖而减少，人类的狩猎活动对它们造成的影响可能会比气候变暖前大得多。

7. 似乎有理由认为所有动物皆是如此。然而，据我们所知，尚未有研究者探索过食物风味对动物的食物选择的影响。

8. 受访者告诉杰里米·科斯特，除风味外，他们不吃食肉动物还存在另一个原因，即食肉动物，无论是美洲虎（豹属）还是白头鹯，都以生肉为食。科斯特指出，忌讳食用食肉动物是一种很普遍的禁忌。最近，甚至有人提出连食腐的哺乳动物都不太愿意去碰死去的食肉动物。对此，其中一种解释是，食肉动物体内的寄生虫和其他病原体（来自它们的猎物）更多，更可能危害到食用者的健康。

9. 但无尾刺豚鼠是个例外，它们的繁殖速度似乎要快过人类的捕杀速度。

10. 带骨烹饪时，风味繁复，味道更佳。

11. 种子却是个例外。植物种子的个头小巧，易于散播，并总是将能量储存在脂肪中，正是利用这一点，我们榨出了菜籽油、芝麻油。

12. 此外，许多肉食动物都有气味腺，若不仔细清除，它们的肉就会带有讨厌的臭味。

13. 根据菲耶尔萨的个人经历如此。

14. 乔希·埃文斯曾在"北欧食品实验室"（Nordic Food Labs）负责新型食品研发，现在则是一名关注饮食的地理学家。他在阅读本章时指出，昆虫很有可能成为特例。许多文化都将植食性昆虫视作食物。不过乔希认为，人们似乎更爱吃以少数特定植物为食的昆虫，比如以棕榈为食的红棕象甲、以樱桃为食的毛毛虫和以烟草为食的大蟋蟀，因为这些虫子体内会富集这类植物的独特风味。如果你想了解更多有关食用昆虫的趣事，可参阅乔书亚·大卫·埃文斯（Joshua David Evans）、罗伯托·弗洛尔（Roberto Flore）与迈克尔·博姆·弗罗斯特合著的《食虫记：散文、故事和食谱》（On Eating Insects: Essays, Stories and Recipes）。

15. 尽管味道不佳，这些物种的数量却依旧在减少，一方面是因为古人类的狩猎活动夺走了它们的猎物，另一方面，根据现代的米斯基托人的行为推测，古人类即便不打算食用食肉动物，有时也会主动猎杀这些危险的物种。

16. 一旦氧气耗尽，只有等到氧气浓度恢复且乳酸（一种新陈代谢产生的废物）已被清除后，肌肉才能再次"燃烧"糖原产生能量。

17. 生态绝对原则有时也会出现例外，正因为如此，它才那么令人着迷。有位厨师在阅读这段文字时，询问我们是否可能存在一种专门以某种美味水果为食的长鼻目动物，它的肉也因而带有奇妙而独特的风味。这似乎是天方夜谭，但我们不会去破坏一个厨师的料理梦想。

18. 此处同样不得不提及一个例外情况。在阅读这段文字时，加里·海恩斯提醒我们，在克洛维斯人活跃的大部分时段，气候都较为干旱。这意味着许多猛犸象可能要忍饥挨饿。海恩斯推测，如果情况确实如此，在干旱年份，猛犸象的肉质可能会变得又干又柴。不过，古人类学家拉恩·巴凯指出，即便是一头消瘦的猛犸象，其肉质也依旧肥美。

19. 这就是雷谢夫和巴凯心心念念的"象之味"。

20. 多尔多涅也是尼安德特人和智人的活动领域重叠时间最长（约6000年）的地区。在此期间，智人和尼安德特人发生了基因、艺术，以及食谱（我们猜测如此）上的交流。

21. 如想了解史前抽象符号艺术，可参阅加拿大古人类学家、岩画研究专家吉纳维芙·冯·佩金格尔（Genevieve von Petzinger）的《符号侦探：解密人类最古老的象征符号》（The First Signs: Unlocking the Mysteries of the World's Oldest Symbols）。

22. 风味不再是预测哪种哺乳动物会成为北美常见物种的最佳指标。在美味的哺乳动物消失后，古人类狩猎者似乎又会从剩下的猎物中挑出最为美味的一批，并优先捕杀它们，直到环境中只留下体形最小、繁殖最快、味道最差的物种，这在世界上的大部分地区都是如此。

23. 感谢哈利·格林（Harry Greene）、卡洛斯·马丁内斯·德尔里奥、盖瑞·格雷夫斯（Gary Graves）、菲耶尔萨等人对本章内容的阅读和建议。感谢丹尼尔·费舍尔的指点。再次感谢金·韦金多普、乔希·埃文斯从料理视角为本章作出贡献。

第五章　果实的诱惑

1. 总有一些水果是例外。比如某种由猴子帮忙传播种子的热带林下植物。它的果实很诱人，但种子却味苦有毒，所以猴子在吃到有毒的种子后会把它们吐在地上，这些种子发芽的位置距离母株仅有一"吐"之遥。

2. 并非活物的水果究竟采取了哪些手段，才招来了数千米之外的动物？这个问题留待生态学家去探索。无法移动的果实却有着近乎魔法的能力，这种神奇的现象甚至成为西方宗教的核心故事之一，并获得了"扩散综合征"这一好似某种疾病名称的名字。

3. 除我们一家外，同行的还有诺亚·菲勒（Noah Fierer）、瓦莱丽·麦肯齐（Valerie McKenzie）跟他们的女儿，以及安妮·马登和托宾·哈莫尔（Tobin Hammer）。我们本想搜寻一种据说会在小碗中产卵，然后在里面为幼虫酿造啤酒的蜜蜂。虽说没能找到目标，但我们有幸邂逅了丹尼尔·詹曾。

4. 通过饲养试验，我们发现马儿喜欢甜味而厌恶酸味、咸味。如果食物过咸或过酸，马儿就会拒绝进食。

5. 感谢道格·利维（Doug Levey）、伊莱恩·格瓦拉、格雷戈里·安德森（Gregory Andersen）、克里斯托弗·马丁尼（Christopher Martine）、加里·海恩斯、乔安娜·兰伯特等人提供的宝贵意见。再次感谢金·韦金多普、乔希·埃文斯从料理视角为本章作出贡献。

第六章　论香料的起源

1. 这项研究所采取的实验方式可能有些令人不适。科学家给母羊喂食大蒜，接着对它们的羊水进行取样，然后要求一个"评审团"闻一闻胎羊的血液、母羊的血液和羊水。这些物质闻起来都有蒜味。

2. 研究小组的学生成员来自北卡罗来纳州首府罗利市的布劳顿高中和维克高中：本·查普曼、娜塔莉·西摩（Natalie Seymour）和泰特·波莱特（Tate Paulette）。现在，本和娜塔莉已成为食品安全专家，而泰特则成为一位考古学家，专门研究古代美索不达米亚文化。

3. 感谢泰特·波莱特、皮亚·索伦森（Pia Sörensen）、本·查普曼、娜塔莉·西摩、劳伦·尼克尔斯（Lauren Nichols）、艾普尔·约翰逊（April Johnson）等人对本章观点的补充完善。感谢庄田慎矢、西尔维·伊桑舒（Sylvie Issanchou）、佩兴丝·埃普斯（Patience Epps）、加里·纳卜汉、乔安娜·兰伯特、约翰·斯佩思等人在写作过程中给予我们的帮助。再次感谢金·韦金多普、乔希·埃文斯从料理视角为本章作出贡献。

第七章　臭马肉与酸啤酒

1. 我们好奇地问利兹她是否尝过这些水果，她回答说："自从我吃了一种僧帽猴爱吃的果实，并因此嘴唇发麻后，我就再也不去碰它们的食物了——这次也是如此。尝试荨麻近亲结出的浆果绝非明智之举。"

2. 在乙醛脱氢酶的作用下，乙醛会转换成乙酸。

3. 考古学家一直在尝试重现历史场景。因为如果不亲自动手，全靠臆测是很难揭开历史真相的。在另一个与之类似的重现实验中，某位考古学家试图弄清克洛维斯人猎手是如何使用克洛维斯矛尖猎杀美洲乳齿象或猛犸象的（甚至怀疑其真实性）。当时，津巴布韦正在捕杀大象，他借机参与其中。每次官方猎杀大象时，他都会用梭镖投射器朝着大象投掷克洛维斯矛尖。效果拔群！克洛维斯矛尖轻而易举地刺穿了象皮。此类实验并不能证明过去发生了什么，但确实有助于说明过去可能发生过什么。

4. 费舍尔教授最后还进行了一场观察实验。他在发给罗布的邮件中说："我受托莱多动物园之托，复原一头死于 17 年前、已经入土的大象。这头大象被埋葬在黏稠的黏土层下，其大部分的软组织都在时光的作用下发酵成了酸性较强的'腌肉'，且气味比之前的马肉还要让人上头。这次我可不敢来上一口，不过趁着这次机会，我花了三天时间对大象进行了屠宰实验。"实验发现，大象内脏确实变得超级、超级酸。

5. 这里我们大量借鉴了密歇根大学古人类学家约翰·斯佩思的作品。他在文献综述中回顾了许多有关肉类、鱼类发酵的论文，并梳理了大量参考资料。

6. 尽管臭鱼等"重口味"的食物在小部分餐馆中正变得越来越流行，但在食用这类食物的社区中，它们仍然经常被污名化。直到现在，印第安人还得与自家食物是否具有"适当"气味的殖民主义观点作斗争。

7. 感谢乔安娜·兰伯特、萨利·格兰杰（Sally Grainger）、刘莉、亚当·波伊修斯、泰特·波莱特、杰西·亨迪（Jessie Hendy）、丹尼尔·费舍尔、凯蒂·阿马托等人提出的宝贵建议。感谢金·韦金多普、乔希·埃文斯、桑德尔·卡茨（Sandor Katz）和大卫·齐尔伯（David Zilber）从料理视角为本章作出贡献。

第八章　奶酪的艺术

1. 爱德华·伯恩亚德在原话中使用的是 man 和 manly，但他的重点不在于强调奶酪的性别，而是为了凸显它具有人性。所以，我们在保留其含义的基础上修改了文本——"它的熟成时间越长，就会越有人味儿"。

2. 后来，何塞离开卡雷尼亚，告别了家乡的奶酪洞，远渡重洋来到美国研究奶酪及其他食品中的乳酸菌。马诺洛继续以奶酪为伴，而何塞则成了罗布在北卡罗来纳州立大学的同事。

3. 牲畜的食物会从多个方面影响奶酪的品质。食物决定了动物的能量摄入，从而影响到乳制品中的蛋白质和脂肪含量。植物中的一些化学物质也会进入奶水中，它们会赋予乳制品各种风味。还有一些影响因素更为复杂。在法国 Herbipôle 进行的一项研究表明，某些特别的微生物会附着在觅食范围较广的牲畜的乳房（及更大范围的皮肤）表面，它们的乳汁中也出现了这些微生物，并因而带有特殊的香气。

4. 作为俄罗斯中世纪历史研究的专家，克里斯特尔·卢拉莫尔-基尔萨诺瓦（Crystal Louramore-Kirsanova，她恰好对本笃会的清规戒律和美味奶酪有着浓厚兴趣）提醒罗布，那些早期的戒律可能相当严苛。她以圣卡西安的戒律守则为例，介绍了僧侣穿鞋的规则："僧侣禁止穿鞋。若因'身体虚弱'而不得不穿鞋，他们也只能穿凉鞋。僧侣们必须先解释自己要穿凉鞋的原因，并获得主的许可。然后，僧侣们必须承认，身处人世间的他们'尚不能完全摆脱对肉身皮囊的关心和忧虑'，主允许他们穿凉鞋，他们也'时刻准备着传扬主的和平福音'。"

5. 也可使用某种勺子或其他工具，因时间、地点和奶酪类型而异。

6. 比如，高达奶酪就有一种独特的风味，有人描述道它混合着巧克力香、香蕉味和汗臭，这是因为高达奶酪含有甲基丙醛（巧克力香和香蕉味）和丁酸（汗味）。

7. 中亚的奶酪生产者会采取类似于腌制肉类的手法去制作奶酪，他们在阳光下晒干奶酪，并在暴晒时往奶酪里加盐。

8. 在修道院建立之前，当地农民可能就已经研制出了一些陈年软质奶酪和洗浸奶酪，有的甚至可以追溯到古罗马时代。不过，这些奶酪的制作规模相对较小，因而鲜有文献记载。僧侣们来此地后，既帮忙保存了当地奶酪的制作工艺，也研发出了新的品种。由于这些奶酪都冠以了修道院的名号（无论是僧侣自行制作的，还是农民当作什一税上交给教会的），我们现在很难区别它们的真正起源。

9. 随着时间的推移，这些奶酪和其他陈年奶酪内部会发生一系列变化。乳酸菌（一类产物为乳酸的细菌的总称）首先占领了奶酪；青霉菌紧随其后，将这类细菌所产生的乳酸代谢一空；接着就轮到那些不耐乳酸的细菌入场，它们能使奶酪表面具有人类皮肤的特点。这些微生物的出场顺序是可以预测的，至少一切顺利的情况下，是可以预测的。

10. 持续盐浴的另一个好处是赶走酪蝇。

11. 事实上，除了风味似肉外，对于僧侣们来说，这些含有高达 30% 蛋白质、30% 脂肪的奶酪在营养方面也和肉食不相上下。

12. 门斯特奶酪产自法国阿尔萨斯地区，在这里的德语方言中，Munster 的意思就是"修道院"。

13. 斯特凡纳和热尼结婚了。斯特凡纳是法国人，埃波斯奶酪是他的最爱！热尼是美国人，对埃波斯奶酪却喜欢不起来。是的，类似的分歧不只存在于斯特凡纳和热尼之间。许多奶酪爱好者在读到这一段时，都会向我们诉说为了防止配偶闻到自己的宝贝奶酪的臭味，他们使用了哪些独门秘籍（如保鲜盒套保鲜盒，单独使用冰箱，存入地窖）。气味的好坏，全是个人的主观感受。

14. 感谢本·沃尔夫（Ben Wolfe）、马修·布克（Matthew Booker）、查德·勒丁顿（Chad Ludington）、杰西卡·亨迪（Jessica Hendy）、迈克尔·邓恩（Michael Dunn）、泰特·波莱特等人提出的宝贵建议。再次感谢金·韦金多普、乔希·埃文斯、桑德尔·卡茨和大卫·阿舍从料理视角为本章作出贡献。

第九章　聚餐使我们成为人类

1. 在英语世界，大部分饮食都是法国作家用法语定义的：在一场饕餮盛宴（gourmet banquet）上，我们先来了点开胃小菜（hors d'oeuvres），啜饮几口清汤（consommé），接着是一道前餐（entrée）——肉酱（pâté）炒（sauté）蔬菜，然后，我们喝了醒好（carafe，法语的"醒酒器"）的红酒。你看，如果不讲法语（banquet，法语的"盛宴"；fête，法语的"晚宴"），我就只能用英语说自己参加了一场盛大的（grand）晚餐（supper）。要想更为贴切地描述，那还是得用法语，即我参加了一场晚宴（fête）。

2. 我们以为那是我们这辈子最好的夜晚，值得终生铭记，结果，四天后，在另一个法国小镇利默伊，我们度过了一个同样精彩的夜晚。

3. 见到罗曼·维蒂希时，他正在一头烤猪、一桶啤酒和聚会主办人的双胞胎女儿之间忙活，她们在向大家拍卖自家的物品（我们不记得具体原因了）。那是一场在公园边的大宅子里为朋友举办的饯行会。罗曼也从事黑猩猩研究，所以他恰好和我们参加了同一个聚会——这证明了莱比锡是多么小，住在这里的黑猩猩研究者是多么多。莱比锡的社会群体往往是非随机的，这点同大多数城市没什么两样。宴会来宾基本都是莱比锡国际学校的学生家长。

4. 黑猩猩有时甚至会特意这样做。罗曼·维蒂希在乌干达观察 Sonso 族群的雄性首领 Nick 时，发现了这种现象。他在邮件中描述了 Nick 的整个行为过程："Nick 的权威受到族群二号人物 Bwoba 的挑战，它觉得有些压力，急需一位盟友助阵。有一天，Nick 捕杀了一只疣猴，它没有立刻大快朵颐，而是拖着猎物移动了 1000 米多，并不断发出它们特有的'声高气促'（pant-hoot）的叫声。Nick 这是在寻找 Zefa，一头没有参加狩猎的强壮的雄性黑猩猩。Nick 希望和 Zefa 交朋友。15 分钟后，Nick 找到了 Zefa，它把猴子撕成两半，将大的那块分给了 Zefa，它们坐在一起享用大餐（你吃头，我啃手，大脑分你，腿给我，从此就是好朋友）。"罗曼的学生里兰·萨姆尼在观察黑猩猩采食菠萝蜜时，也见到了类似的情况。

5. 萨姆尼还发现，雄性黑猩猩在一同狩猎时，体内的催产素水平也会上升。一起觅食和进食同样会让它们感到愉悦。

6. 我们在筹备本书时了解到的许多故事都没放在书里。比如，有位丹麦鸟类学家告诉我们，一天晚上，在动物园附近的弗雷德里克斯堡公园排练瓦格纳歌剧表演的丹麦歌剧团吓到了一头非洲鹿（又称霍加皮），这只动物因惊惧而死。为了避免浪费，科学家们剥去了鹿皮，保存了有科研价值的部位以供将来研究。然后，他们吃掉了剩下的鹿肉，据说味道很棒。我们在正文中几乎没提过这个故事，其他的故事也都……好吧，总之，你懂我的意思。

7. 感谢马修·布克、查德·勒丁顿、罗曼·维蒂希、詹姆士·里夫斯（James Rives）等人对本章内容的阅读评价。再次感谢金·韦金多普、乔希·埃文斯从料理视角为本章作出贡献。也感谢丽莎·拉舍克（Lisa Raschke）和琳恩·特劳特温（Lynne Trautwein）为本章及全书提出的深刻洞见。

参考文献

[1]   Hsiang Ju Lin and Tsuifeng Lin, *The Art of Chinese Cuisine* (Tuttle Publishing, 1996).

[2]   Jean Anthelme Brillat-Savarin, *La physiologie du goût* [1825], ed. Jean-François Revel (Paris: Flammarion, 1982),19.

[3]   Richard Stevenson, *The Psychology of Flavour* (Oxford University Press, 2010).

[4]   Gordon M. Shepherd, *Neurogastronomy:How the Brain Creates Flavor and Why It Matters* (Columbia University Press, 2011).

[5]   Charles Spence, *Gastrophysics: The New Science of Eating* (Penguin UK, 2017); Ole Mouritsen and Klavs Styrbæk, *Mouthfeel: How Texture Makes Taste*, translated by Mariela Johansen (Columbia University Press, 2017).

[6]   Paul A. S. Breslin, "An evolutionary perspective on food and human taste," *Current Biology* 23, no. 9 (2013): R409–18.

[7]   Jonathan Silvertown, *Dinner with Darwin: Food, Drink, and Evolution* (University of Chicago Press, 2017).

[8]   Ken'ichi Ikeda, "On a new seasoning," *Journal of the Tokyo Chemical Society* 30 (1909): 820–36. The paper appears to have been first referenced in an English-language paper in 1966.

[9]   Jonathan P. Benstead, James M. Hood, Nathan V. Whelan, Michael R. Kendrick, Daniel Nelson, Amanda F. Hanninen, and Lee M. Demi, "Coupling of dietary phosphorus and growth across diverse fish taxa: Ameta-analysis of experimental aquaculture studies," *Ecology* 95, no. 10 (2014): 2768–77.

[10]   Stuart A. McCaughey, Barbara K. Giza, and Michael G. Tordoff, "Taste and acceptance of pyrophosphates by rats and mice," *American Journal of Physiology Regulatory Integrative and Comparative Physiology* 292 (2007): R2159–67.

[11]   D.J. Holcombe, David A. Roland, and Robert H. Harms, "The ability of hens to regulate phosphorus intake when offered diets containing different levels of phosphorus," *Poultry Science* 55(1976): 308–17; G.M. Siu, Mary Hadley, and Harold H. Draper, "Self-regulation of phosphate intake by growing rats,"

Journal of Nutrition 111, no. 9 (1981): 1681–85; Juan J. Villalba, Frederick
D. Provenza, Jeffery O. Hall, and C. Peterson, "Phosphorus appetite in sheep:
Dissociating taste from postingestive effects," *Journal of Animal Science* 84,
no. 8 (2006): 2213–23.

[12] Michael G. Tordoff, "Phosphorus taste involves T1R2 and T1R3," *Chemical
Senses* 42, no. 5 (2017): 425–33; Michael G. Tordoff, Laura K. Alarcón,
Sitaram Valmeki, and Peihua Jiang, "T1R3: Ahuman calcium taste receptor,"
Scientific Reports 2 (2012): 496.

[13] Diane W. Davidson, Steven C. Cook, Roy R. Snelling, and Tock H. Chua,
"Explaining the abundance of ants in lowland tropical rainforest canopies,"
Science 300, no. 5621(2003): 969–72.

[14] Anne Fischer, Yoav Gilad, Orna Man, and Svante Pääbo, "Evolution of bitter
taste receptors in humans and apes," *Molecular Biology and Evolution* 22, no. 3
(2004): 432–36.

[15] Xia Li, Weihua Li, Hong Wang, Douglas L. Bayley, Jie Cao, Danielle R. Reed,
Alexander A. Bachmanov, Liquan Huang, Véronique Legrand-Defretin, Gary K.
Beauchamp, and Joseph G. Brand, "Cats lack a sweet taste receptor," *Journal
of Nutrition* 136, no. 7 (2006): 1932S–1934S; Peihua Jiang, Jesusa Josue, Xia
Li, Dieter Glaser, Weihua Li, Joseph G. Brand, Robert F. Margolskee, Danielle
R. Reed, and Gary K. Beauchamp, "Major taste loss in carnivorous mammals,"
Proceedings of the National Academy of Sciences 109, no. 13 (2012): 4956–61.

[16] Peihua Jiang, Jesusa Josue, Xia Li, Dieter Glaser, Weihua Li, Joseph G. Brand,
Robert F. Margolskee, Danielle R. Reed, and Gary K. Beauchamp, "Major
taste loss in carnivorous mammals," *Proceedings of the National Academy of
Sciences* 109, no. 13 (2012): 4956–61.

[17] Zhao Huabin, Jian-Rong Yang, Huailiang Xu, and Jianzhi Zhang,
"Pseudogenization of the umami taste receptor gene Tas1r1 in the giant panda
coincided with its dietary switch to bamboo," *Molecular Biology and Evolution*
27, no. 12 (2010): 2669–73.

[18] Peihua Jiang, Jesusa Josue-Almqvist, Xuelin Jin, Xia Li, Joseph G. Brand,
Robert F. Margolskee, Danielle R. Reed, and Gary K. Beauchamp, "The
bamboo-eating giant panda (*Ailuropoda melanoleuca*) has a sweet tooth:
Behavioral and molecular responses to compounds that taste sweet to humans,"
PloS One 9, no. 3 (2014).

[19] Shancen Zhao, Pingping Zheng, Shanshan Dong, Xiangjiang Zhan, Qi Wu,

Xiaosen Guo, Yibo Hu et al., "Whole-genome sequencing of giant pandas provides insights into demograp hichistory and local adaptation," *Nature Genetics* 45, no. 1 (2013): 67.

[20]   Maude W. Baldwin, Yasuka Toda, Tomoya Nakagita, Mary J. O'Connell, Kirk C. Klasing, Takumi Misaka, Scott V. Edwards, and Stephen D. Liberles, "Evolution of sweet taste perception in hummingbirds by transformation of the ancestral umami receptor," *Science* 345, no. 6199 (2014): 929–33.

[21]   Ricardo A. Ojeda, Carlos E. Borghi, Gabriela B. Diaz, Stella M. Giannoni, Michael A. Mares, and Janet K. Braun, "Evolutionary convergence of the highly adapted desert rodent *Tympanoctomys barrerae* (Octodontidae)," *Journal of Arid Environments* 41, no. 4 (1999): 443–52.

[22]   David R. Pilbeam and Daniel E. Lieberman, "Reconstructing the last common ancestor of chimpanzees and humans," In *Chimpanzees and Human Evolution*, ed. M. N. Muller (Harvard University Press, 2017), 22–141.

[23]   Charles Darwin, The Descent of Man, and Selection in Relation to Sex (John Murray, 1888).

[24]   Jane Goodall, "Tool-using and aimed throwing in a community of free-living chimpanzees," *Nature* 201, no. 4926 (1964): 1264.

[25]   Christophe Boesch, Ammie K. Kalan, Anthony Agbor, Mimi Arandjelovic, Paula Dieguez, Vincent Lapeyre, and Hjalmar S. Kühl, "Chimpanzees routinely fish for algae with tools during the dry season in Bakoun, Guinea," *American Journal of Primatology* 79, no. 3 (2017): e22613.

[26]   Hitonaru Nishie, "Natural history of *Camponotus* ant-fishing by the M group chimpanzees at the Mahale Mountains National Park, Tanzania," *Primates* 52, no. 4 (2011): 329.

[27]   Christophe Boesch, Wild Cultures: A Comparison between Chimpanzee and Human Cultures (Cambridge University Press, 2012).

[28]   Solomon H. Katz, "An evolutionary theory of cuisine," *Human Nature* 1, no. 3 (1990): 233–59.

[29]   David R. Pilbeam and Daniel E. Lieberman, "Reconstructing the last common ancestor of chimpanzees and humans," in *Chimpanzees and Human Evolution*, ed. M. N. Muller (Harvard University Press, 2017), 22–141.

[30]   T. Jonathan Davies, Barnabas H. Daru, Bezeng S. Bezeng, Tristan Charles-Dominique, Gareth P. Hempson, Ronny M. Kabongo, Olivier Maurin, A. Muthama Muasya, Michelle van der Bank, and William J. Bond, "Savanna tree

evolutionary ages inform the reconstruction of the paleoenvironment of our hominin ancestors," *Scientific Reports* 10, no. 1 (2020): 1–8.

[31]   Jill D. Pruetz and Nicole M. Herzog, "Savanna chimpanzees at Fongoli, Senegal, navigate a fire land scape," *Current Anthropology* 58, no. S16 (2017): S337–50.

[32]   Thomas S. Kraft and Vivek V. Venkataraman, "Could plant extracts have enabled hominins to acquire honey before the control of fire?" *Journal of Human Evolution* 85 (2015): 65–74; Lidio Cipriani, ed., *The Andaman Islanders* (Weidenfeld and Nicolson, 1966).

[33]   Christophe Boesch, Ammie K. Kalan, Anthony Agbor, Mimi Arandjelovic, Paula Dieguez, Vincent Lapeyre, and Hjalmar S. Kühl, "Chimpanzees routinely fish for algae with tools during the dry season in Bakoun, Guinea," *American Journal of Primatology* 79, no. 3 (2017): e22613.

[34]   Kathelijne Koops, Richard W. Wrangham, Neil Cumberlidge, Maegan A. Fitzgerald, Kelly L. van Leeuwen, Jessica M. Rothman, and Tetsuro Matsuzawa, "Crab-fishing by chimpanzees in the Nimba Mountains, Guinea," *Journal of Human Evolution* 133 (2019): 230–41.

[35]   William H. Kimbel, Robert C. Walter, Donald C. Johanson, Kaye E. Reed, James L. Aronson, Zelalem Assefa, Curtis W. Marean, Gerald G. Eck, René Bobe, Erella Hovers, Yoel Zvi Rak, Carl Vondra, Tesfaye Yemane, D. York, Yanchao Chen, Norman M. Evensen, and Patrick E. Smith, "Late Pliocene *Homo* and Old-owan tools from the Hadar formation (Kada Hadar member), Ethiopia," in R. L. Chiochon and J. G. Fleagle, eds., *The Human Evolution Source Book* (Routledge, 2016).

[36]   Melissa J. Remis, "Food preferences among captive western gorillas (*Gorilla gorilla gorilla*) and chimpanzees (*Pan troglodytes*)," *International Journal of Primatology* 23, no. 2 (2002): 231–49.

[37]   Victoria Wobber, Brian Hare, and Richard Wrangham. "Great apes prefer cooked food," *Journal of Human Evolution* 55, no. 2 (2008): 340–48.

[38]   Daniel Lieberman, The Story of the Human Body: Evolution, Health, and Disease (Vintage, 2014).

[39]   Toshisada Nishida and Mariko Hiraiwa, "Natural history of a tool-using behavior by wild chimpanzees in feeding upon wood-boring ants," *Journal of Human Evolution* 11, no. 1 (1982): 73–99.

[40]   Matthew R. McLennan, "Diet and feeding ecology of chimpanzees (*Pan*

troglodytes) in Bulindi, Uganda: Foraging strategies at the forest-farm interface," *International Journal of Primatology* 34, no. 3 (2013): 585–614.

[41] Matthew R. McLennan, Georgia A. Lorenti, Tom Sabiiti, and Massimo Bardi, "Forest fragments become farmland: Dietary response of wild chimpanzees (*Pan troglodytes*) to fast-changing anthropogenic landscapes," *American Journal of Primatology* 82, no. 4 (2020): e23090.

[42] Julia Colette Berbesque and Frank W. Marlowe, "Sex differences in food preferences of Hadza hunter-gatherers," *Evolutionary Psychology* 7, no. 4 (2009): 147470490900700409.

[43] Hsiang Ju Lin and Tsuifeng Lin, *The Art of Chinese Cuisine* (Tuttle, 1996).

[44] Chris Organ, Charles L. Nunn, Zarin Machanda and Richard W. Wrangham, "Phylogenetic rate shifts in feeding time during the evolution of *Homo*," *Proceedings of the National Academy of Sciences* 108, no. 35 (2011): 14555–59.

[45] Victoria Wobber, Brian Hare, and Richard Wrangham, "Great apes prefer cooked food," *Journal of Human Evolution* 55, no. 2(2008): 340–48; Felix Warneken and Alexandra G. Rosati, "Cognitive capacities for cooking in chim-panzees," *Proceedings of the Royal Society B: Biological Sciences* 282, no. 1809 (2015): 20150229.

[46] Peter S. Ungar, Frederick E. Grine, and Mark F. Teaford, "Diet in early *Homo*: A review of the evidence and a new model of adaptive versatility," *Annual Review of Anthropology* 35 (2006): 209–28.

[47] Ruth Blasco, Jordi Rosell, M. Arilla, Antoni Margalida, D. Villalba, Avi Gopher, and Ran Barkai, "Bone marrow storage and delayed consumption at Middle Pleistocene Qesem Cave, Israel (420 to 200 ka)," *Science Advances* 5, no. 10 (2019): eaav9822.

[48] Kohei Fujikura, "Multiple loss-of-function variants of taste receptors in modern humans," *Scientific Reports* 5 (2015): 12349.

[49] Thomas D. Bruns, Robert Fogel, Thomas J. White, and Jeffrey D. Palmer, "Accelerated evolution of a false-truffle from a mushroom ancestor," *Nature* 339, no. 6220 (1989):140–42.

[50] Daniel S. Heckman, David M. Geiser, Brooke R. Eidell, Rebecca L. Stauffer, Natalie L. Kardos, and S. Blair Hedges, "Molecular evidence for the early colonization of land by fungi and plants," *Science* 293, no. 5532 (2001): 1129–33.

[51] Eva Streiblová, Hana Gryndlerova, and Milan Gryndler, "Truffle brûlé: An efficient fungal life strategy," *FEMS Microbiology Ecology* 80, no. 1 (2012): 1–8.

[52] Jeffrey B. Rosen, Arun Asok, and Trisha Chakraborty, "The smell of fear: Innate threat of 2, 5-dihydro-2, 4, 5-trimethylthiazoline, a single molecule component of a predator odor," *Frontiers in Neuroscience* 9 (2015): 292.

[53] Ken Murata, Shigeyuki Tamogami, Masamichi Itou, Yasutaka Ohkubo, Yoshihiro Wakabayashi, Hidenori Watanabe, Hiroaki Okamura, Yukari Takeuchi, and Yuji Mori, "Identification of an olfactory signal molecule that activates the central regulator of reproduction in goats," *Current Biology* 24, no. 6 (2014): 681–86.

[54] David R. Kelly, "When is a butterfly like an elephant?" *Chemistry and Biology* 3, no. 8 (1996): 595–602.

[55] Thierry Talou, Antoine Gaset, Michel Delmas, Michel Kulifaj, and Charles Montant, "Dimethyl sulphide: The secret for black truffle hunting by animals?" *Mycological Research* 94, no. 2 (1990): 277–78.

[56] Frido Welker, Jazmín Ramos-Madrigal, Petra Gutenbrunner, Meaghan Mackie, Shivani Tiwary, Rosa Rakownikow Jersie-Christensen, Cristina Chiva, Marc R. Dickinson, Martin Kuhlwilm, Marc de Manuel, Pere Gelabert, María Martinón-Torres, Ann Margvelashvili, Juan Luis Arsuaga, Eudald Carbonell, Tomas Marques-Bonet, Kirsty Penkman, Eduard Sabidó, Jürgen Cox, Jesper V. Olsen, David Lordkipanidze, Fernando Racimo, Carles Lalueza-Fox, José María Bermúdez de Castro, Eske Willerslev, and Enrico Cappellini, "The dental proteome of *Homo antecessor*," *Nature* 580 (2020): 1–4.

[57] Paul Mellars and Jennifer C. French, "Tenfold population increase in Western Europe at the neandertal-to-modern human transition," *Science* 333, no. 6042 (2011): 623–27.

[58] Neil Shubin, Your Inner Fish: A Journey into the 3.5-Billion-Year History of the Human Body (Vintage, 2008).

[59] Yoshihito Niimura, "Olfactory receptor multigene family in vertebrates: From the viewpoint of evolutionary genomics," *Current Genomics* 13, no. 2 (2012): 103–14.

[60] Gordon M. Shepherd, Neurogastronomy: How the Brain Creates Flavor and Why It Matters (Columbia University Press, 2011).

[61] Katherine A. Houpt and Sharon L. Smith, "Taste preferences and their relation

to obesity in dogs and cats," *Canadian Veterinary Journal* 22, no. 4 (1981): 77.

[62] Yoav Gilad, Victor Wiebe, Molly Przeworski, Doron Lancet, and Svante Pääbo, "Loss of olfactory receptor genes coincides with the acquisition of full trichromatic vision in primates," *PLoS Biology* 2, no. 1 (2004): e5; Yoshihito Niimura, Atsushi Matsui and Kazushige Touhara, "Acceleration of olfactory receptor gene loss in primate evolution: Possible link to anatomical change in sensory systems and dietary transition," *Molecular Biology and Evolution* 35, no. 6 (2018): 1437–50.

[63] David Zwicker, Rodolfo Ostilla-Mónico, Daniel E. Lieberman, and Michael P. Brenner, "Physical and geometric constraints shape the labyrinth-like nasal cavity," *Proceedings of the National Academy of Sciences* 115, no. 12 (2018): 2936–41.

[64] Luca Pozzi, Jason A. Hodgson, Andrew S. Burrell, Kirstin N. Sterner, Ryan L. Raaum, and Todd R. Disotell, "Primate phylogenetic relationships and divergence," *Molecular Phylogenetics and Evolution* 75 (2014): 165–83.

[65] Daniel E. Lieberman, "How the unique configuration of the human head may enhance flavor perception capabilities: An evolutionary perspective," *Frontiers in Integrative Neuroscience Conference Abstract: Science of Human Flavor Perception* (2015): doi: 10.3389/conf.fnint.2015.03.00003.

[66] Robert D. Martin, *Primate Origins and Evolution* (Chapman and Hall, 1990).

[67] Daniel E. Lieberman, "How the unique configuration of the human head may enhance flavor perception capabilities: An evolutionary perspective," *Frontiers in Integrative Neuroscience Conference Abstract: Science of Human Flavor Perception* (2015): doi: 10.3389/conf.fnint.2015.03.00003.

[68] Susann Jänig, Brigitte M. Weiß, and Anja Widdig, "Comparing the sniffing behavior of great apes," *American Journal of Primatology* 80, no. 6 (2018): e22872.

[69] Arthur W. Proetz, "The Semon Lecture: Respiratory air currents and their clinical aspects," *Journal of Laryngology and Otology* 67, no. 1 (1953): 1–27.

[70] Timothy B. Rowe and Gordon M. Shepherd, "Role of ortho-retronasal olfaction in mammalian cortical evolution," *Journal of Comparative Neurology* 524, no. 3 (2016): 471–95.

[71] Harold McGee, *Curious Cook: More Kitchen Science and Lore* (North Point, 1990).

[72] Andreas Keller and Leslie B. Vosshall, "Olfactory perception of chemically

diverse molecules," *BMC Neuroscience* 17, no. 1 (2016): 55.

[73] Harold McGee, *The Curious Cook: More Kitchen Science and Lore* (Wiley, 1992).

[74] Brian Farneti, Iuliia Khomenko, Marcella Grisenti, Matteo Ajelli, Emanuela Betta, Alberto Alarcon Algarra, Luca Cappellin, Eugenio Aprea, Flavia Gasperi, Franco Biasioli, and Lara Giongo, "Exploring blueberry aroma complexity by chromatographic and direct-injection spectrometric techniques," *Frontiers in Plant Science* 8 (2017): 617.

[75] Gordon M. Shepherd, *Neuroenology: How the Brain Creates the Taste of Wine* (Columbia University Press, 2016).

[76] Yukio Takahata, Mariko Hiraiwa-Hasegawa, Hiroyuki Takasaki, and Ramadhani Nyundo, "Newly acquired feeding habits among the chimpanzees of the Mahale Mountains National Park, Tanzania," *Human Evolution* 1, no. 3 (1986): 277–84.

[77] Ibid.

[78] Ciprian F. Ardelean, Lorena Becerra-Valdivia, Mikkel Winther Pedersen, Jean-Luc Schwenninger, Charles G. Oviatt, Juan I. Macías-Quintero, Joaquin Arroyo-Cabrales, Martin Sikora, et al., "Evidence of human occupation in Mexico around the Last Glacial Maximum," *Nature* 584, no. 7819 (2020): 87–92.

[79] M. Thomas P. Gilbert, Dennis L. Jenkins, Anders Götherstrom, Nuria Naveran, Juan J. Sanchez, Michael Hofreiter, Philip Francis Thomsen, et al., "DNA from pre-Clovis human coprolites in Oregon, North America," *Science* 320, no. 5877 (2008): 786–89; Lorena Becerra-Valdivia and Thomas Higham, "The timing and effect of the earliest human arrivals in North America," *Nature* 584 (2020): 1–5.

[80] Michael R. Waters, "Late Pleistocene exploration and settlement of the Americas by modern humans," *Science* 365, no. 6449 (2019): eaat5447.

[81] Michael R. Waters, Thomas W. Stafford, H. Gregory McDonald, Carl Gustafson, Morten Rasmussen, Enrico Cappellini, Jesper V. Olsen, et al., "Pre-Clovis mastodon hunting 13,800 years ago at the Manis site, Washington," *Science* 334, no. 6054 (2011): 351–53.

[82] Michael R. Waters, "Late Pleistocene exploration and settlement of the Americas by modern humans," *Science* 365, no. 6449 (2019): eaat5447.

[83] Gary Haynes and Jarod M. Hutson, "Clovis-era subsistence: Regional variability, continental patterning," in *Paleoamerican Odyssey*, ed. K. E. Graf,

C. V. Ketron, and M. R. Waters (Texas A&M University Press, 2014), 293–309.

[84] Joseph A. M. Gingerich, "Down to seeds and stones: A new look at the subsistence remains from Shawnee-Minisink," *American Antiquity* 76, no. 1 (2011): 127–44.

[85] Klervia Jaouen, Michael P. Richards, Adeline Le Cabec, Frido Welker, William Rendu, Jean-Jacques Hublin, Marie Soressi, and Sahra Talamo, "Exceptionally high δ 15N values in collagen single amino acids confirm Neandertals as high-trophic level carnivores," *Proceedings of the National Academy of Sciences* 116, no. 11 (2019): 4928–33.

[86] Michael Chazan, "Toward a long prehistory of fire," *Current Anthropology* 58, no. S16 (2017): S351–59; Alianda M. Cornélio, Ruben E. de Bittencourt-Navarrete, Ricardo de Bittencourt Brum, Claudio M. Queiroz, and Marcos R. Costa, "Human brain expansion during evolution is independent of fire control and cooking," Frontiers in Neuroscience 10 (2016): 167.

[87] Alston V. Thoms, "Rocks of ages: Propagation of hot-rock cookery in western North America," *Journal of Archaeological Science* 36, no. 3 (2009): 573–91.

[88] Paul S. Martin, "The Discovery of America: The first Americans may have swept the Western Hemisphere and decimated its fauna within 1000 years," *Science* 179, no. 4077 (1973): 969–74.

[89] Lenore Newman, Lost Feast: *Culinary Extinction and the Future of Food* (ECW Press, 2019).

[90] Henry Nicholls, "Digging for dodo," *Nature* 443 (2006): 138.

[91] Julian P. Hume and Michael Walters, *Extinct Birds* (A & C Black Poyser Imprint, 2012).

[92] Agnes Gault, Yves Meinard, and Franck Courchamp, "Consumers' taste for rarity drives sturgeons to extinction," *Conservation Letters* 1, no. 5 (2008): 199–207.

[93] David P. Watts and Sylvia J. Amsler, "Chimpanzee-red colobus encounter rates show a red colobus population decline associated with predation by chimpanzees at Ngogo," *American Journal of Primatology* 75, no. 9 (2013): 927–37.

[94] Jacquelyn L. Gill, John W. Williams, Stephen T. Jackson, Katherine B. Lininger, and Guy S. Robinson, "Pleistocene megafaunal collapse, novel plant communities, and enhanced fire regimes in North America," *Science* 326, no. 5956 (2009): 1100–1103; Jacquelyn L. Gill, "Ecological impacts of the late

Quaternary megaherbivore extinctions," *New Phytologist* 201, no. 4 (2014): 1163–69.

[95]   John D. Speth, *Paleoanthropology and Archaeology of Big-Game Hunting* (Springer, 2012).

[96]   Baron Pineda, "Miskito and Misumalpan languages," in *Encyclopedia of Linguistics*, ed. Philipp Strazny (Francis & Taylor Books, 2005).

[97]   Jeremy M. Koster, Jennie J. Hodgen, Maria D. Venegas, and Toni J. Copeland, "Is meat flavor a factor in hunters' prey choice decisions?" *Human Nature* 21, no. 3 (2010): 219–42.

[98]   Michael D. Cannon and David J. Meltzer, "Explaining variability in Early Paleoindian foraging," *Quaternary International* 191, no. 1 (2008): 5–17.

[99]   Mark Borchert, Frank W. Davis, and Jason Kreitler, "Carnivore use of an avocado orchard in southern California," *California Fish and Game* 94, no. 2 (2008): 61–74.

[100] Tim M. Blackburn and Bradford A. Hawkins, "Bergmann's rule and the mammal fauna of northern North America," *Ecography* 27, no. 6 (2004): 715–24.

[101] Katherine A. Houpt and Sharon L. Smith, "Taste preferences and their relation to obesity in dogs and cats," *Canadian Veterinary Journal* 22, no. 4 (1981): 77.

[102] S. D. Shackelford, J. O. Reagan, Keith D. Haydon, and Markus F. Miller, "Effects of feeding elevated levels of monounsaturated fats to growing-finishing swine on acceptability of boneless hams," *Journal of Food Science* 55, no. 6 (1990): 1485–87.

[103] As translated in *The Food Lover's Anthology* (The Bodleian Anthology: A Literary Compendium, compiled by Peter Hunt, Bodleian Library Publishing, 2014).

[104] Diana Noyce, "Charles Darwin, the Gourmet Traveler," *Gastronomica: The Journal of Food and Culture* 12, no. 2 (2012): 45–52.

[105] Belarmino C. da Silva Neto, André Luiz Borba do Nascimento, Nicola Schiel, Rômulo Romeu Nóbrega Alves, Antonio Souto, and Ulysses Paulino Albuquerque, "Assessment of the hunting of mammals using local ecological knowledge: An example from the Brazilian semiarid region," *Environment, Development and Sustainability* 19, no. 5 (2017): 1795–1813.

[106] Sophie D. Coe, *America's First Cuisines* (University of Texas Press, 2015).

[107] Gary Haynes and Jarod M. Hutson, "Clovis-era subsistence: Regional

variability, continental patterning," *Paleoamerican Odyssey* (2013): 293–309.

[108] Laura T. Buck, J. Colette Berbesque, Brian M. Wood, and Chris B. Stringer, "Tropical forager gastrophagy and its implications for extinct hominin diets," *Journal of Archaeological Science: Reports* 5 (2016): 672–79.

[109] Hagar Reshef and Ran Barkai, "A taste of an elephant: The probable role of elephant meat in Paleolithic diet preferences," *Quaternary International* 379 (2015): 28–34.

[110] George E. Konidaris, Athanassios Athanassiou, Vangelis Tourloukis, Nicholas Thompson, Domenico Giusti, Eleni Panagopoulou, and Katerina Harvati, "The skeleton of a straight-tusked elephant (Palaeoloxodon antiquus) and other large mammals from the Middle Pleistocene butchering locality Marathousa 1 (Megalopolis Basin, Greece): Preliminary results," *Quaternary International* 497 (2018): 65–84.

[111] Biancamaria Aranguren, Stefano Grimaldi, Marco Benvenuti, Chiara Capalbo, Floriano Cavanna, Fabio Cavulli, Francesco Ciani, et al., "Poggetti Vecchi (Tuscany, Italy): A late Middle Pleistocene case of human-elephant interaction," *Journal of Human Evolution* 133 (2019): 32–60.

[112] Jeffrey J. Saunders and Edward B. Daeschler, "Descriptive analyses and taphonomical observations of culturally-modified mammoths excavated at 'The Gravel Pit,' near Clovis, New Mexico in 1936," *Proceedings of the Academy of Natural Sciences of Philadelphia* (1994): 1–28.

[113] Omer Nevo and Eckhard W. Heymann, "Led by the nose: Olfaction in primate feeding ecology," *Evolutionary Anthropology: Issues, News, and Reviews* 24, no. 4 (2015): 137–48.

[114] H. Martin Schaefer, Alfredo Valido, and Pedro Jordano, "Birds see the true colours of fruits to live off the fat of the land," *Proceedings of the Royal Society B: Biological Sciences* 281, no. 1777 (2014): 20132516.

[115] Kim Valenta and Omer Nevo, "The dispersal syndrome hypothesis: How animals shaped fruit traits, and how they did not," *Functional Ecology* 34, no. 6 (2020): 1158–69.

[116] Daniel H. Janzen, "Why fruits rot, seeds mold, and meat spoils," *American Naturalist* 111, no. 980 (1977): 691–713.

[117] Daniel H. Janzen, "Why tropical trees have rotten cores," *Biotropica* 8 (1976): 110–12.

[118] Daniel H. Janzen, "Herbivores and the number of tree species in tropical

forests," *American Naturalist* 104, no. 940 (1970): 501–28.

[119] Daniel H. Janzen and Paul S. Martin, "Neotropical anachronisms: The fruits the gomphotheres ate," *Science* 215, no. 4528 (1982): 19–27.

[120] Guadalupe Sanchez, Vance T. Holliday, Edmund P. Gaines, Joaquín Arroyo-Cabrales, Natalia Martínez-Tagüeña, Andrew Kowler, Todd Lange, Gregory W. L. Hodgins, Susan M. Mentzer, and Ismael Sanchez-Morales, "Human (Clovis)–gomphothere (Cuvieronius sp.) association~ 13,390 calibrated yBP in Sonora, Mexico," *Proceedings of the National Academy of Sciences* 111, no. 30 (2014): 10972–77.

[121] Connie Barlow, *The Ghosts of Evolution: Nonsensical Fruit, Missing Partners, and Other Ecological Anachronisms* (Basic Books, 2008).

[122] Daniel H. Janzen, "How and why horses open *Crescentia alata fruits,*" *Biotropica* (1982): 149–52.

[123] Guillermo Blanco, Jose Luis Tella, Fernando Hiraldo, and José Antonio Díaz-Luque, "Multiple external seed dispersers challenge the megafaunal syndrome anachronism and the surrogate ecological function of livestock," *Frontiers in Ecology and Evolution* 7 (2019): 328.

[124] Mauro Galetti, Roger Guevara, Marina C. Côrtes, Rodrigo Fadini, Sandro Von Matter, Abraão B. Leite, Fábio Labecca, T. Ribeiro, C. S. Carvalho, R. G. Collevatti, and M. M. Pires, "Functional extinction of birds drives rapid evolutionary changes in seed size," *Science* 340, no. 6136 (2013): 1086–90.

[125] Renske E. Onstein, William J. Baker, Thomas L. P. Couvreur, Søren Faurby, Leonel Herrera-Alsina, Jens-Christian Svenning, and W. Daniel Kissling, "To adapt or go extinct? The fate of megafaunal palm fruits under past global change," *Proceedings of the Royal Society B: Biological Sciences* 285, no. 1880 (2018): 20180882.

[126] David N. Zaya and Henry F. Howe, "The anomalous Kentucky coffeetree: Megafaunal fruit sinking to extinction?" *Oecologia* 161, no. 2 (2009): 221–26.

[127] Robert J. Warren, "Ghosts of cultivation past-Native American dispersal legacy persists in tree distribution," *PloS One* 11, no. 3 (2016).

[128] Maarten Van Zonneveld, Nerea Larranaga, Benjamin Blonder, Lidio Coradin, José I. Hormaza, and Danny Hunter, "Human diets drive range expansion of megafauna-dispersed fruit species," *Proceedings of the National Academy of Sciences* 115, no. 13 (2018): 3326–31.

[129] Allen Holmberg, "Cooking and eating among the Siriono of Bolivia," in Jessica

Kuper, ed., *The Anthropologists' Cookbook* (Routledge, 1997).

[130] Napoleon A. Chagnon, *The Yanomamo* (Nelson Education, 2012).

[131] S. J. McNaughton and J. L. Tarrants, "Grass leaf silicification: Natural selection for an inducible defense against herbivores," *Proceedings of the National Academy of Sciences* 80, no. 3 (1983): 790–91.

[132] Brian D. Farrell, David E. Dussourd, and Charles Mitter, "Escalation of plant defense: Do latex and resin canals spur plant diversification?" *American Naturalist* 138, no. 4 (1991): 881–900.

[133] Dietland Müller-Schwarze and Vera Thoss, "Defense on the rocks: Low monoterpenoid levels in plants on pillars without mammalian herbivores," *Journal of Chemical Ecology* 34, no. 11 (2008): 1377.

[134] Yan B. Linhart and John D. Thompson, "Thyme is of the essence: Biochemical polymorphism and multi-species deterrence," *Evolutionary Ecology Research* 1, no. 2 (1999): 151–71.

[135] Daniel Intelmann, Claudia Batram, Christina Kuhn, Gesa Haseleu, Wolfgang Meyerhof, and Thomas Hofmann, "Three TAS2R bitter taste receptors mediate the psychophysical responses to bitter compounds of hops (Humulus lupulus L.) and beer," *Chemosensory Perception* 2, no. 3 (2009): 118–32.

[136] Benoist Schaal, Luc Marlier, and Robert Soussignan, "Human foetuses learn odours from their pregnant mother's diet," *Chemical Senses* 25, no. 6 (2000): 729–37.

[137] Sandra Wagner, Sylvie Issanchou, Claire Chabanet, Christine Lange, Benoist Schaal, and Sandrine Monnery-Patris, "Weanling infants prefer the odors of green vegetables, cheese, and fish when their mothers consumed these foods during pregnancy and/or lactation," *Chemical Senses* 44, no. 4 (2019): 257–65.

[138] R. Haller, C. Rummel, S. Henneberg, Udo Pollmer, and Egon P. Köster, "The influence of early experience with vanillin on food preference later in life," *Chemical Senses* 24 (1999):465–67; Delaunay-El Allam, Maryse, Robert Soussignan, Bruno Patris, Luc Marlier, and Benoist Schaal, "Long-lasting memory for an odor acquired at the mother's breast," *Developmental Science* 13 (2010): 849–63.

[139] Martin Jones, "Moving north: Archaeobotanical evidence for plant diet in Middle and Upper Paleolithic Europe," *in The Evolution of Hominin Diets* (Springer, 2009), 171–80.

[140] Joshua J. Tewksbury, Karen M. Reagan, Noelle J. Machnicki, Tomás A. Carlo,

David C. Haak, Alejandra Lorena Calderón Peñaloza, and Douglas J. Levey, "Evolutionary ecology of pungency in wild chilies," *Proceedings of the National Academy of Sciences* 105, no. 33 (2008): 11808–11.

[141] Lovet T. Kigigha and Ebubechukwu Onyema, "Antibacterial activity of bitter leaf (Vernonia amygdalina) soup on Staphylococcus aureus and Escherichia coli," *Sky Journal of Microbiology Research* 3, no. 4 (2015): 41–45.

[142] Jean Bottéro, "The culinary tablets at Yale," *Journal of the American Oriental Society* 107, no. 1 (1987): 11–19.

[143] Gojko Barjamovic, Patricia Jurado Gonzalez, Chelsea Graham, Agnete W. Lassen, Nawal Nasrallah, and Pia M. Sörensen, "Food in Ancient Mesopotamia: Cooking the Yale Babylonian Culinary Recipes," in A. Lassen, E. Frahm and K. Wagensonner, eds., *Ancient Mesopotamia Speaks: Highlights from the Yale Babylonian Collection* (Yale Peabody Museum of Natural History, 2019), 108–25.

[144] Won-Jae Song, Hye-Jung Sung, Sung-Youn Kim, Kwang-Pyo Kim, Sangryeol Ryu, and Dong-Hyun Kang, "Inactivation of Escherichia coli O157: H7 and Salmonella typhimurium in black pepper and red pepper by gamma irradiation," *International Journal of Food Microbiology* 172 (2014): 125–29.

[145] Poul Rozin and Deborah Schiller, "The nature and acquisition of a preference for chili pepper by humans," *Motivation and Emotion* 4, no. 1 (1980): 77–101. The experiment is described in Paul Rozin, Lori Ebert, and Jonathan Schull, "Some like it hot: A temporal analysis of hedonic responses to chili pepper," *Appetite* 3, no. 1 (1982): 13–22.

[146] Paul Rozin and Keith Kennel, "Acquired preferences for piquant foods by chimpanzees," *Appetite* 4, no. 2 (1983): 69–77.

[147] Paul Rozin, Leslie Gruss, and Geoffrey Berk, "Reversal of innate aversions: Attempts to induce a preference for chili peppers in rats," *Journal of Comparative and Physiological Psychology* 93, no. 6 (1979): 1001.

[148] Paul Rozin, "Getting to like the burn of chili pepper: Biological, psychological and cultural perspectives," *Chemical Senses* 2 (1990): 231–69.

[149] Judith R. Ganchrow, Jacob E. Steiner, and Munif Daher, "Neonatal facial expressions in response to different qualities and intensities of gustatory stimuli," *Infant Behavior and Development* 6 (1983): 189–200.

[150] Paul Breslin, "An evolutionary perspective on food and human taste," *Current Biology* 23, no. 9 (2013): R409-418.

[151] Robert J. Braidwood, Jonathan D. Sauer, Hans Helbaek, Paul C. Mangelsdorf, Hugh C. Cutler, Carleton S. Coon, Ralph Linton, Julian Steward, and A. Leo Oppenheim, "Symposium: Did man once live by beer alone?" *American Anthropologist* 55, no. 4 (1953): 515–26.

[152] Li Liu, Jiajing Wang, Danny Rosenberg, Hao Zhao, György Lengyel, and Dani Nadel, "Fermented beverage and food storage in 13,000 y-old stone mortars at Raqefet Cave, Israel: Investigating Natufian ritual feasting," *Journal of Archaeological Science: Reports* 21 (2018): 783–93.

[153] John Smalley, Michael Blake, Sergio J. Chavez, Warren R. DeBoer, Mary W. Eubanks, Kristen J. Gremillion, M. Anne Katzenberg, et al., "Sweet beginnings: Stalk sugar and the domestication of maize," *Current Anthropology* 44, no. 5 (2003): 675–703.

[154] Katherine R. Amato, Carl J. Yeoman, Angela Kent, Nicoletta Righini, Franck Carbonero, Alejandro Estrada, H. Rex Gaskins, et al., "Habitat degradation impacts black howler monkey (Alouatta pigra) gastrointestinal microbiomes," *ISME Journal* 7, no. 7 (2013): 1344–53.

[155] Paulo R. Guimarães Jr., Mauro Galetti, and Pedro Jordano, "Seed dispersal anachronisms: Rethinking the fruits extinct megafauna ate," *PLoS One* 3, no. 3 (2008).

[156] Alcohol is present in most sour fruits. Robert Dudley, "Ethanol, fruit ripening, and the historical origins of human alcoholism in primate frugivory," *Integrative and Comparative Biology* 44, no. 4 (2004): 315–23.

[157] Elisabetta Visalberghi, Dorothy Fragaszy, E. Ottoni, P. Izar, M. Gomes de Oliveira, and Fábio Ramos Dias de Andrade, "Characteristics of hammer stones and anvils used by wild bearded capuchin monkeys (*Cebus libidinosus*) to crack open palm nuts," *American Journal of Physical Anthropology* 132, no. 3 (2007): 426–44.

[158] Matthias Laska, "Gustatory responsiveness to food-associated sugars and acids in pigtail macaques, Macaca nemestrina," *Physiology and Behavior* 70, no. 5 (2000): 495–504.

[159] D. Glaser and G. Hobi, "Taste responses in primates to citric and acetic acid," *International Journal of Primatology* 6, no. 4 (1985): 395–98.

[160] Daniel H. Janzen, "Why fruits rot, seeds mold, and meat spoils," *American Naturalist* 111, no. 980 (1977): 691–713.

[161] Matthew A. Carrigan, Oleg Uryasev, Carole B. Frye, Blair L. Eckman, Candace

R. Myers, Thomas D. Hurley, and Steven A. Benner, "Hominids adapted to metabolize ethanol long before human-directed fermentation," *Proceedings of the National Academy of Sciences* 112, no. 2 (2015): 458–63.

[162] Rotten fruits might also have contained insects and the additional protein provided by their bodies. Some primates actually appear to prefer fruits that contain insects to those that don't. Kent H. Redford, Gustavo A. Bouchardet da Fonseca, and Thomas E. Lacher, "The relationship between frugivory and insectivory in primates," *Primates* 25, no. 4 (1984): 433–40.

[163] A. N. Rhodes, J. W. Urbance, H. Youga, H. Corlew-Newman, C. A. Reddy, M. J. Klug, J. M. Tiedje, and D. C. Fisher, "Identification of bacterial isolates obtained from intestinal contents associated with 12,000-year-old mastodon remains," *Applied Environmental Microbiology* 64, no. 2 (1998): 651–58.

[164] Elizabeth Wason, "The Dead Elephant in the Room" *LSA Magazine* (2014) https://lsa.umich.edu/lsa/news-events/all-news/search-news/the-dead-elephant-in-the-room.html.

[165] Iwao Ohishi, Genji Sakaguchi, Hans Riemann, Darrel Behymer, and Bengt Hurvell, "Antibodies to Clostridium botulinum toxins in free-living birds and mammals," *Journal of Wildlife Diseases* 15, no. 1 (1979): 3.

[166] Daniel T. Blumstein, Tiana N. Rangchi, Tiandra Briggs, Fabrine Souza De Andrade, and Barbara Natterson-Horowitz, "A systematic review of carrion eaters' adaptations to avoid sickness," *Journal of Wildlife Diseases* 53, no. 3 (2017): 577–81.

[167] Daniel C. Fisher, "Experiments on subaqueous meat caching," *Current Research in the Pleistocene* 12 (1995): 77–80.

[168] John D. Speth, "Putrid meat and fish in the Eurasian Middle and Upper Paleolithic: Are we missing a key part of Neanderthal and modern human diet?" *PaleoAnthropology* 2017 (2017): 44–72.

[169] William Sitwell, *A History of Food in 100 Recipes* (Little, Brown, 2013).

[170] Mark Kurlansky, *Salt* (Random House, 2011).

[171] Adam Boethius, "Something rotten in Scandinavia: The world's earliest evidence of fermentation," *Journal of Archaeological Science* 66 (2016): 169–80.

[172] Sveta Yamin-Pasternak, Andrew Kliskey, Lilian Alessa, Igor Pasternak, Peter Schweitzer, Gary K. Beauchamp, Melissa L. Caldwell, et al., "The rotten renaissance in the Bering Strait: Loving, loathing, and washing the smell

of foods with a (re)acquired taste," *Current Anthropology* 55, no. 5 (2014): 619–46.

[173] Hsiang Ju Lin and Tsuifeng Lin, *The Art of Chinese Cuisine* (Tuttle Publishing, 1996).

[174] Cristina Izquierdo, José C. Gómez-Tamayo, Jean-Christophe Nebel, Leonardo Pardo, and Angel Gonzalez, "Identifying human diamine sensors for death related putrescine and cadaverine molecules," *PLoS Computational Biology* 14, no. 1 (2018): e1005945.

[175] Paul Kindstedt, Cheese and Culture: *A History of Cheese and Its Place in Western Civilization* (Chelsea Green Publishing, 2012).

[176] Benjamin E. Wolfe, Julie E. Button, Marcela Santarelli, and Rachel J. Dutton, "Cheese rind communities provide tractable systems for in situ and in vitro studies of microbial diversity," *Cell* 158, no. 2 (2014): 422–33.

[177] David Asher, The Art *of Natural Cheesemaking* (Chelsea Green Publishing, 2015).

[178] Gordon M. Shepherd, *Neuroenology: How the Brain Creates the Taste of Wine* (Columbia University Press, 2016).

[179] David G. Laing and G. W. Francis, "The capacity of humans to identify odors in mixtures," *Physiology and Behavior* 46, no. 5 (1989): 809–14.

[180] Masaaki Yasuda, "Fermented tofu, tofuyo," in *Soybean—Biochemistry, Chemistry and Physiology*, ed. T. B. Ng (InTech, 2011), 299–319.

[181] From an email on February 8, 2020.

[182] Roman M. Wittig, Catherine Crockford, Tobias Deschner, Kevin E. Langergraber, Toni E. Ziegler, and Klaus Zuberbühler, "Food sharing is linked to urinary oxytocin levels and bonding in related and unrelated wild chimpanzees," *Proceedings of the Royal Society B: Biological Sciences* 281, no. 1778 (2014): 20133096.

[183] Ammie K. Kalan and Christophe Boesch, "Audience effects in chimpanzee food calls and their potential for recruiting others," *Behavioral Ecology and Sociobiology* 69, no. 10 (2015): 1701–12.

[184] Ammie K. Kalan, Roger Mundry, and Christophe Boesch, "Wild chimpanzees modify food call structure with respect to tree size for a particular fruit species," *Animal Behaviour* 101 (2015): 1–9.

[185] Martin Jones, *Feast: Why Humans Share Food* (Oxford University Press, 2007).

译后记

美味是怎样影响人类祖先的行为的？在考察完克罗地亚地区的史前人类遗址，品尝了当地传承千年的特色美食后，邓恩夫妇（生态学家、进化生物学家罗布和人类学家莫妮卡）的脑海中冒出了这个问题。发现这一领域尚处于空白，他们便立刻积极行动起来。

饥肠辘辘的人总是无暇他顾，只有在吃饱喝足后，才会懒懒地嵌进沙发，有一搭没一搭地聊着天，思考人生。

史前社会的原始人会围坐在火塘边，开启篝火夜话，把吱吱冒油的猎物——比如猛犸象肉排，或是啮齿动物——串在树枝上，斜插着烧烤。伴随着木柴燃烧的噼里啪啦声，他们操着简单的语言，谈论哪种猎物肥嫩啦，什么石器好用啦，谁家的发酵肉食放得久啦，酸啤酒多么美味啦，如此种种，不一而足。

文明社会的生物学家、古人类学家、考古学者、食品研究者、奶酪专家等则会坐在壁炉边的扶手椅中，或端着酒杯，或叼着烟斗，分享他们的知识和见解。——本书就在作者夫妇与毫无交集的各领域专家的聚餐交流中，慢慢成形。在书中，你可以遇到许多问题，获知它们的答案：

我们的味觉有几种？它们是怎样进化的？嗅觉在品尝美食的过程中起了什么作用？

古人类为何会爱上各种风味？他们也喜欢啤酒和烤肉吗？

人和动物是怎么发酵食物的？

宝宝会继承妈妈的口味吗？动物与植物达成了什么交易与协议？

为什么有的动物能面不改色地大嚼魔鬼辣椒？

猫咪真的喜欢吃牛油果吗？

…………

由于本书在很大程度上属于科普读物，为避免误解，译者在许多地方尽量直译，以便忠实传达作者的原意。令人欣慰的是，作者对中国饮食（部分源自曾经翻阅的书籍，比如林语堂妻女的作品）、文化和研究（兰州大学李博文关于树鼩与辣椒的研究）有所了解，也引入了不少新近的发现，比如熊猫不爱吃肉同其鲜味受体基因的关系。这也符合书中没怎么强调的一点，那就是我们的许多认知都会随着科技进步、遗迹出土而改变。我们先前的一些"常识"，比如大熊猫喜欢吃竹鼠、印第安人祖先是通过白令大陆桥跑到美洲的，如今都被相继推翻。书中还原了人类祖先真实的一面。挥舞长矛的原始人与史前巨兽近身搏杀，四目相对，伺机而动，倏忽之间，巨兽的咽喉上多了一根折断的长矛？不。悄悄摸到附近，以数量弥补精度的随缘投射，追踪受伤的猎物直到它们筋疲力尽失血而亡，这才是真实的一面。当然，这并不妨碍他们回到山洞后用夸张的方式将捕猎场景绘制在岩壁上，突出放大那些他们爱吃的部位，这一点倒是同漫画《トリコ》（《美食的俘虏》，很棒的译名）中的美食世界有着异曲同工之妙。

在翻译过程中，译者遇到的最为棘手的问题主要是动植物的专名，特别是史前动物专名和当地特色植物专名。前者可通过查找资料找到具体的译名，不过由于作者的用词不一定是正名，还存在一些难解之处，比如在介绍冰河时代活动于美国中西部的两种业已灭绝的猯时，作者使用的是 flat-headed peccary（平头猯）和 long-headed peccary（长吻猯），但长吻猯更广泛使用的名称却是 long-nosed peccary。至于后者，则多亏了注释里提供的拉丁学名，译者可据此查询 CFH 自然标本馆（https://www.cfh.ac.cn/）、植物智（http://www.iplant.cn/），找到它们对应的中文译名。当然，跟中文里的许多药草一样（按生长季节命名的夏枯草、按味道命名的甘草、按颜色命名的黄连、按形态命名的人参等），有些植物名也具有特别的含义。例如，"象耳豆"的原文是 guanacaste tree，直译即"瓜纳卡斯特树"，这可能是因为它多生长于哥斯达黎加瓜纳卡斯特地区；"雨树"的原文是 monkey pod tree，直译为"猴豆树"，可能是因为当地的猴群喜欢吃它的果实而得名；"北美肥皂荚"的原文是 Kentucky coffee tree，直译为"肯塔基咖啡树"，因为早期殖民者会把它的种子烘烤酿制成一种类似咖啡的饮料。

感谢这本《风味传》，让译者在减肥期间充分锻炼了意志。感谢大白、乖乖、跳跳、跳一，要不是你们这几位猫主子，本书的翻译工作应该提前一个月就已经完成。